U0150500

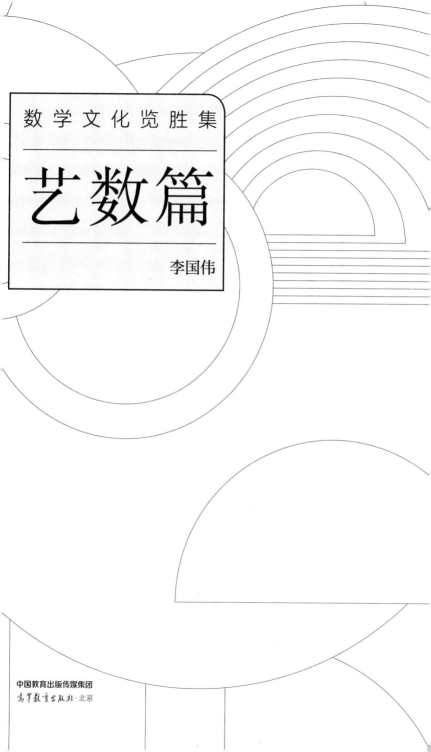

数学文化览胜集

艺数篇

李国伟

中国教育出版传媒集团

高等教育出版社·北京

前言

　　"文化"这个字眼似乎人人都懂，但是谁也解释不清。连百度百科都说："给文化下一个准确或精确的定义，的确是一件非常困难的事情。对文化这个概念的解读，人类也一直众说不一。"虽然作为数学家，专业上应该讲究搞清楚定义，但是对于"数学文化"里的"文化"该如何定义，我就给自己一点可以放肆的模糊空间吧！

　　其实定义也不过是要给概念画条边界，然而即使边界画不明确，依旧能够大体掌握疆域里主要的山川风貌。说起"文化"少不了核心主角"人"，因为人的活动产生了文化的果实。再者，"文化"不会只包含物质层面的迹证，必然在精神层面有所彰显。最后，"文化"难以回避价值的选择，"好"与"坏"的尺度也许并非绝对，但是对于事物以及行为的品评总有一番取舍。

伽利略在其著作《试金者》(*Il Saggiatore*) 中，曾经说过一段历久弥新的名言："自然哲学写在宏伟的宇宙之书里，总是打开着让我们审视。然而若非先学会读懂书中的语言，以及解释其中的符号，是不可能理解这本书的。此书用数学的语言所写，使用的符号包括三角形、圆以及其他几何图形。倘若不借助这些，则人类不得识一字，就会像游荡于暗黑迷宫之中。"虽然宇宙的大书是用数学的语言来表述的，但是人类学习它的词汇却历经艰辛。数学令人动容的地方，不仅是教科书里那些三角形、圆形和其他几何图形各种出人意表的客观性质，还有那些教科书里没有余裕篇幅来讲述的人间事迹。那里不仅包含个体从事数学探秘的悲、欢、离、合，也描绘了数学新知因社会需求而生，又促进了历史巨轮的滚动。数学这门少说有三千多年历史的学问，是人类精神文明的最高层次产品，不可能靠设计难题把人整得七荤八素而长存。一出人间历史乐剧中，数学绝对是让它动听的重要旋律。

因此，谈论数学文化先要讲好关于人的故事。在这套《数学文化览胜集》里，我将从四个方面观察数学、人文、社会之间的互动胜景。我把文章划分为四类：人物篇、历史篇、艺数篇、教育篇。

我喜欢《人物篇》里各章的主角，因为他们都曾经在当时数学主流之外，蹚出一条清溪，有的日后甚至拓展开恢宏的水域。我喜欢历史上这类辩证的发展，让独行者的声音能不绝于耳，好似美国文学家梭罗（Henry Thoreau，1817—1862）在《瓦尔登湖》（*Walden; or, Life in the Woods*）中所说："一个人没跟上同伴的脚步，也许正因为他听到另外的鼓点声。"[1]这种个人偏好当然也影响了价值取向，我以为在数学的国境内，不应该有绝对的霸主。一些不起眼的题材，都有可能成为日后重要领域的开端。正如美国诗人弗罗斯特（Robert Frost，1874—1963）的著名诗作《未选择的路》（*The Road Not Taken*）所描述：[2]

> 林中分出两条路
> 我选择人迹稀少的那条
> 因而产生了莫大差别

如果数学的天下只有一条康庄大道，就不会有今日曲径通幽繁花鼎盛的灿烂面貌，我们应该不时回顾并感念那些紧随内心呼唤而另辟蹊径的秀异人物。

延续《人物篇》所选择的视角，在《历史篇》中尝试观察的知识现象，也多有不为主流数学史所留意的题材。其实

1　If a man does not keep pace with his companions, perhaps it is because he hears a different drummer.
2　Two roads diverged in a wood, and I —
　　I took the one less traveled by
　　And that has made all the difference.

历史发生的就发生了，没发生的就没发生，像所谓的"李约瑟难题"，即近代科学为什么没有在中国产生这类问题，不敢期望会取得终极答案。历史的进程是极度复杂的，从太多难以分辨的影响因素中，厘清一条因果明晰的关系链条，这种企图对我来说没有什么吸引力。我只想从涉猎数学史的过程里寻觅一些乐趣，感受那种在前人到过的山川原野上采撷到被忽视的奇花异草的欣喜。

第三篇的主轴是"艺数"。"艺数"是近年来台湾数学科普界所新造的名词，它的范围至少包含以下三类：(1) 以艺术手法展示数学内容；(2) 受数学思想或成果启发的艺术；(3) 数学家创作的艺术。数学与艺术互动最深刻的史实，莫过于欧洲文艺复兴时期从绘画发展出透视法，阿尔贝蒂（Leon Battista Alberti, 1404—1472）的名著《论绘画》（*De Pictura*）开宗明义："我首先要从数学家那里撷取我的主题所需的材料。"这种技法日后促成数学家建立了射影几何学，终成为19世纪数学的主流。以往很多抽象的数学概念，数学家只能在脑中想象，很难传达给外行人体会。但是自从计算机带来的革命性进步，数学的抽象建构也得以用艺术的手法呈现出来。第三篇的诸章有心向读者介绍"艺数"这种跨接艺术与数学的领域，也让大家了解在台湾所开展的推广活动。

第四篇涉及教育方面的观点与意见。此处"教育"涵盖的范围取宽松的解释，从强调小学数学教育的重要到研究领域的评估，由事关学校的正规教育到涉及社会的普及教育，虽然看似有些散漫芜杂，但是贯穿我的观点的基调，仍然是伸张主流之外的声音，维护多元发展的氛围。

本套书若干篇章是改写自我在台湾发表过的文章。有些史实不时会提到，行文难免略有重叠之处，然而也因此使得各章可独立品味。只要对数学与数学家的世界感觉好奇的人，都可以成为本书的读者，并无特定的阅读门槛。这是我在大陆出版的第一套书，行文用词习惯恐有不尽相同之处。另外，个人学养有限，眼界或有不足，都需读者多包涵并请指正。

李国伟

写于面山见水书房

2021年5月

数学美美的

　　1940年，英国数学家哈代（Godfrey Harold Hardy，1877—1947）在他的名著《一个数学家的辩白》（A Mathematician's Apology）中说："数学家像是画家或诗人，都是样式的创造者，如果说数学家的样式比较有永久性，那是因为它们是由理念所构成的。"哈代的意思是可以把数学家与艺术家放到一个可类比的范畴里。1923年，美国女诗人米莱（Edna St. Vincent Millay，1892—1950）写下有名的诗《只有欧几里得见过赤裸之美》（Euclid alone has looked on Beauty bare），不仅赞美欧几里得在数学上的成就，也凸显了美在数学里占据的崇高地位。

　　大数学家强调美在自己工作中的重要性，其实并不稀奇。例如，法国数学家庞加莱（J. H. Poincaré，1854—1912）曾说："科学家研究大自然并非因为它有用，而是因为喜欢它，喜欢的理由是它美。"哈代也曾说："犹如画家或诗人，数学家处理的样式必须是美的。概念也恰似颜色或词句，必须和谐地组合在一起。美不美是首要的检验：丑陋的数学在世界上不会有永久的地位。"戴森（Freeman Dyson，1923—2020）回忆在普林斯顿高等研究院时，有一次外尔（Hermann Weyl, 1885—1955）用带点玩笑的口吻说："我总是在工作中努力结合真与美，然而当我必须二选一时，我通常会选择美。"

2014年，Concinnitas 计划邀请了10位非常著名的数学家及理论物理学家，提供各自认为最美丽的数学表达式，再以细点蚀刻制成黑底白字的图像，犹如在黑板上用白粉笔写出来的样子（类似版画）。Concinnitas 这个拉丁词语曾被文艺复兴时期杰出通才阿尔贝蒂（Leon Battista Alberti，1404—1472）用于描述比例达到平衡和谐时之美。这批版画在多处画廊展出，2017年还进入纽约大都会艺术博物馆与大众见面。

Concinnitas 计划展示的版画有些包含不止一条公式，有些还有拓扑或理论架构的图样。因为数学表达式的内涵都颇有深度，所以每位提供者会附加精练的感想。斯梅尔（Stephen Smale, 1930—　）是菲尔兹奖、沃尔夫数学奖与美国国家科学奖得主，他挑选的最美丽的数学表达式，并非他自己令世人赞叹的成果，而是牛顿求解实系数多项式根的渐近方法。他的感想如下："'美即是真，真即是美'出自济慈（John Keats，1795—1821）笔下，他也写过'美之物乃永恒之欢悦'，我愿再加补充'美既单纯又深邃'。"计算机科学家、图灵奖得主卡普（Richard M. Karp，1935—　）认为最美丽的是确定与非确定多项式时间复杂度（P vs NP）的结构，因为："彼此看来不相干的大量现象，居然会是单一基本原理的各种表象。"

通过Concinnitas计划展露的数学美，从一般人眼光来看，应该没有太强烈的视觉效应。唯有观众相当程度理解数学内涵后，它们的美才能获得诚挚的赞赏。那么问题来了，一般人所谓的"美"跟数学家的"美"到底有没有共同经验基础？因为今日科学还无力破译大脑觉察"美"的详细过程，我们也许不应期望在短期内圆满解答这个问题。

泽奇（Semir Zeki，1940—　）是伦敦大学学院的神经美学（neuroesthetics）教授，他早年研究重心在灵长类大脑的视觉机制，后来渐渐转移到情感知觉与神经系统的相关性。他的实验室使用功能性磁共振成像（fMRI），针对看到美丽的图画、听到悦耳的音乐，记录了大量脑部活化区域的影像。让泽奇好奇的是，数学家经常说美感引导了研究，那么数学美感到底活化了大脑哪些区域呢？

2013年，泽奇在英国数学泰斗阿蒂亚（Sir Michael Francis Atiyah，1929—2019）的协助下，进行了数学美感的神经基础研究。他们从伦敦各大学征募了15名有数学研究生教育程度的男女生，在执行脑成像前两三周，给每人同样的60条数学公式，请他们研读并逐一由－5（最丑）到＋5（最美）打分数。两周后，在fMRI成像机扫描的同时，请受试者再将此60条公式评等级，但这次只粗分三级：丑陋、无感、美丽。在实验后的数日，受试者接到一份问卷，请他们从0（毫无理解）到3（深刻理解），标示对每条公式的理解程度，以及写下看到公式时的感受与情绪。

无论实验前还是扫描中，按美丽排名最靠前的都是欧拉的著名公式：

$$1 + e^{i\pi} = 0.$$

另外，绝大多数人学过的毕氏定理（勾股定理），获评的等级也相当高。关于看到美丽数学公式时有无情绪感受的问题，除了一位受试者没有回答，一位说不确定之外，有九位回答有而未进一步描述，另外的人则说"感觉有些兴奋""五内俱感""感受就像是听到美丽的音乐，或者看到特别动人的绘画"。

泽奇团队从fMRI成像机扫描中获得最令人耳目一新的结果是，数学美感强弱会与大脑内侧眼窝额叶皮质

（medial orbito frontal cortex，mOFC）的A1区域的活化程度相关。泽奇先前的研究已经确定大脑的此区域涉及美感知觉，也就是说一般人从视觉与听觉得到的美感，与数学家从数学公式得到的美感，是有共同的神经生理基础的。虽然现在脑科学还不足以彻底理解大脑如何评断美丑，但是可以确定当数学美感产生时，大脑活化区域与日常美感有很大的重叠部分，这已经是非常重要的结论了。

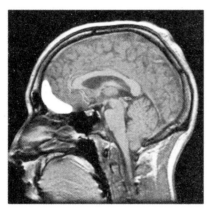

明亮区域表示眼窝额叶皮质

为了分析理解力是否会影响对于美的评价，泽奇又找了12位数学素人作为实验对象，同样问他们看到美丽公式时有无情绪感受，结果有9位数学素人说没有。这似乎表示数学素人对于公式美的情绪判断，基本上是依据表面的形式。泽奇把一般感官经验粗分为两类，一类称作生物性，一类称作人为性。生物性只与神经结构相关，不太受后天环境的影响，也与种族及学习无关，例如对于色彩的知觉。而人为性则在一生之中都有接受文化熏陶的可能。数学是一种高度文明的产品，愈是深入理解愈有可能体会其中的美。柏拉图甚至认为数学中永恒与不变的真理代表美的极致境界。看来数学美感似乎应该属于人为性范畴。泽奇与合作者在2018年11月发表论文，显示当受试者都达到基本的数学理解程度后，他们对于数学美的评价有高度的一致性，看不出种族与文化会造成差别。这种现象又如何解释呢？

泽奇援引康德对于美的直觉的观点，认为数学公式所以美，是因为它"合理"（make sense）。合什么理呢？大脑就是天生的逻辑演绎系统，这个系统凡人皆如是。泽奇又征引罗素（Bertrand Russell, 1872—1970）的说法："逻辑的命题可先验性地知晓，不需要钻研真实的世界。"也就是说逻辑命题的根源，立基于先天的脑内概念。泽奇团队的系统性实证研究，到目前为止强烈地指向数学美感的基础属于生物性而非人为性。这也印证了诺贝尔物理学奖得主狄拉克（Paul A. M. Dirac, 1902—1984）的数学美原理："使用美不美，而非简单不简单，作为追求最终真理的导引。"

2019年9月在专业期刊《认知》(*Cognition*)上，英国巴斯大学管理学院的约翰逊(Samuel Johnson)与美国耶鲁大学数学系的斯坦伯格(Stefan Steinerberger)发表了一篇论文，他们拿4项数学证明、4段钢琴奏鸣曲、4幅风景画，给没有数学专业训练的人欣赏。要求：第一群组把美感相当的数学证明与风景画对应起来，第二群组把美感相当的数学证明与奏鸣曲对应起来，第三群组则以美感的9种类别，将这些数学证明、奏鸣曲、风景画加以评等。论文报告的结果是受试者对于数学、音乐、绘画的美感有高度的共识。两位作者认为这种结果对于数学教育应该有启发性，通过与艺术品的相互比拟有可能降低学生学习抽象数学的困难。

艺数不会
是异数

一、艺数的三方面

"艺数"是近几年在台湾数学科普活动中经常看到的名词，但是就我记忆所及，早在2004年任教于台北丽山高中的彭良祯老师，在创意教学或数学教育的文章里便曾使用艺数一词。台湾这一波艺数日新月异的趋势，反映了数学科普活动逐渐加强与艺术的沟通结合，涵盖的范围也比先前大幅扩张，因此有必要将艺数的含义加以厘清。

依我的看法，艺数至少包含以下三方面：

1. 以艺术手法展示数学内容，
2. 受数学思想或成果启发的艺术，
3. 数学家创作的艺术。

现在依序来说明这三方面的内涵。

二、以艺术手法展示数学

最直接联结数学与艺术的方式，便是使用艺术手法展示数学内容。这种方式具有悠久的传统，而以几何学为最常表现的题材。西方（包括伊斯兰世界）无论是教堂、宫廷、城堡，处处可见几何的踪迹。这个现象并不令人意外，因为几何是建筑造型的骨干。然而在西方绘画里，特殊几何形体（例如，正多面体）格外让人关注。所谓的正多面体，就是立体的各个表面都是同样的正多边形。古代希腊人便知道恰好存在5种正多面体：正4面体、正6面体、正8面体、正12面体、正20面体，一般称为柏拉图立体。柏拉图（Plato，约公元前427—前347）曾在论著中把火、土、气、水与正4,6,8,20面体结合。在欧几里得《几何原本》最后一卷里，更证明了除此5种，就不再有其他凸正多面体了，这是古代希腊数学的一大成就。文艺复兴时期意大利人帕西欧里（Luca de Pacioli，1445—1517）撰写《神圣比例》(De Divina Proportione)，曾邀请达·芬奇（Leonardo da Vinci，1452—1519）手绘插图。达·芬奇不仅画出了柏拉图立体及其他规则立体的美化图片，还首次展现内部镂空的多面体骨架。

在柏拉图之后，希腊一代数学大师阿基米德（Archimedes，公元前287—前212）放宽了关于规则性的要求，允许立体表面的正多边形不必完全相同，只要从各个顶点观察不出周围有任何差异便可。如此产生了13种称为阿基米德立体的半正多面体。17世纪德国天文及数学家开普勒（Johannes Kepler，1571—1630），进一步放松界定规则多面体的条件，因而引入了不满足凸性的星状多面体。

以上所提到的各类规则多面体，一直都是西方艺术非常喜爱表现的对象。甚至20世纪超现实主义大师达利（Salvador Dalí，1904—1989）的名画《最后的晚餐》，也以正12面体局部的骨架为背景。1999年挪威艺术家桑德（Vebjørn Sand，1966—　　）在奥斯陆机场建造了跨距14米的装饰艺术，是在开普勒发现的大星形12面体内部装入正12与正20面体，因此命名为"开普勒之星"。

三、数学启发的艺术

在受数学思想或成果启发的艺术方面，20世纪最突出的杰作出自荷兰版画家埃舍尔（M. C. Escher, 1898—1972）之手。埃舍尔在求学期间其实数学功课并不好，但是他自幼着迷于对称与秩序。他通过敏锐的观察力与丰富的想象力，不仅把已知的数学构形加以高度艺术化，而且还创作出一些令人感觉具有内在矛盾，却又引人遐思，并且充满冷寂理智的版画。例如，1952年以《重力》为名用水彩上色的石版画，构思显然受到多面体的启发。

埃舍尔较为出名之后，也曾尝试学习数学里的群论关于对称的分类，他还与加拿大著名几何学家寇克斯特（H. S. M. Coxeter, 1907—2003）通信。埃舍尔特别深爱在有限纸面上表现无限，他向寇克斯特询问几何问题时手绘过精细的附图，并且后来在名为《圆极限Ⅳ》的木版画上加以具体实现。

四、数学家的创作

其实数学家中艺术修养高的人也不在少数，有些甚至能创作极富特色的艺术品。例如莫斯科大学的福门柯（Anatoly Fomenko, 1945—　），以几何学与拓扑学的成就闻名于世。1990年美国数学会还为他的艺术作品出版了《数学印象》一书。书中编号12的墨笔画中，靠画框右边露出头顶的人，伸出双臂准备将两只手掌勾在一起，在勾到之前就长出较小的双掌准备勾连，如此重复操作而无止境。可以把这种无穷勾连的手掌表面想象如下图所示：

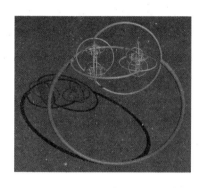

　　这种奇怪的曲面在拓扑学里称为亚历山大有角球面（Alexander horned sphere）。它内部虽然满足所谓的简单连通性（simply connectedness），但是外部空间却无此性质，这是与正常球面迥然不同之处。福门柯还有一幅杰作好似在效法丢勒（Albrecht Dürer, 1471—1528）著名的版画《忧郁I》（*Melencolia I*），他特意命名为《反丢勒》。《忧郁I》右上角的四阶幻方，在《反丢勒》中改变为自然对数底 e的十进小数展开的方盘。e的整数部分2放在方盘的中央，然后按照逆时针方向螺旋形排列下去71828 18284 59045 23536…。

此外，任教于美国加州大学柏克利分校的俄罗斯数学家弗伦克尔（Edward Frenkel, 1968— ），在2010年更是颠覆常人对于数学家的刻板印象，居然自制、自编、自导、自演了短片《爱与数学的仪式》（*Rites of Love and Math*），要向已故日本文豪三岛由纪夫自制、自编、自导、自演的短片《忧国》（*The Rite of Love and Death*）致敬。弗伦克尔于片中裸体上阵，还在裸女的腹部刺青，纹出自己最得意的创作，也是他最热爱的量子场论公式。已经有人戏称弗伦克尔是最性感的"数学代言人"。

五、STEAM教育潮流

目前很多国家的教育仍然偏重分科教学，而且师生互动程度不够高，教材与生活的联系也不足。应21世纪社会变迁与科技发展的趋势，这种形态的教育有加以改良的必要。例如美国从1999年起就推动所谓的STEM教育，其中各个英文字母代表的是科学（science）、技术（technology）、工程（engineering）、数学（mathematics）。这种教育方式的特色是用专题来引导，在学习过程中将四方面的知识有机融合，以最终解决具实际意义的问题为目标。经过若干年实践之后，又日渐兴起一股把STEM扩充为STEAM的潮流，新加入的A代表艺术（arts），也就是以艺术为主轴的人文素养。艺术与原来比较偏重科技的STEM关联起来，更能训练学生的创新能力，增进科技对于人文层面的关怀。人文与艺术的素养可能是未来置身处处有人工智能的世界里安身立命不可或缺的准备。

从STEAM教育的潮流来看，现在呼吁重视数学教育与艺术教育的交流互动，就不是以满足少数人的嗜好为目标了。这种推广的工作，有其重要的使命与任务。以目前台湾各地教师与学生欢迎艺数活动的状况来看，艺数确实在原先令学生畏惧的传统教学之外，开启了一扇吹进春风的窗户。我们期许各级学校的数学教师以及社会上爱好数学的人士，能参考国际上有关艺数的先进成果，为数学教育及数学普及活动，带来耳目一新的改进，让人有机会体验到数学除了致用之外，还有追求美的目标。

国际上的
数学展览

　　我相信数学是世界上中、小学校教育里最普遍的科目。其他科目，如英语，虽然已广泛开设，但也不太可能从小学一年级教到高中毕业。各国应该都会教历史，然而内容各有各的一套，不像全世界的数学教材大同小异。数学早已成为整个人类文化的共同部分，却也是公认难教好、难学好的学科。

　　数学其实已经潜藏在日常生活的每个角落，划手机、刷信用卡、看天气预报，都在使用数学的成果，可是表面上却看不出数学的踪迹。数学的无所不在却难以亲近的双重特性，就产生了向社会大众普及数学知识的迫切需求。一些欧美发达国家的数学专业学会，或者像欧洲数学会这种跨国专业组织，都努力从事改善数学在大众心目中形象的工作。本章将选择若干数学展览为例，介绍法、德、美、英、日各国近年的一些发展，供读者参考。

一、法国

全世界最大的数学家团体"国际数学联盟"（International Mathematical Union），除了推动全球数学学术发展外，在2000年发起了普及数学的计划。后来得到联合国教科文组织的支持，采取巡回展览的方式实现构想。从事数学科普活动非常有名的日本秋山仁（Jin Akiyama，1946—　）教授，接受委托设计展览内容，由法国"科学与工艺文化中心"（CCSTI）奥尔良分院负责实际制作与长期展览，展览命名为"体验数学"（Experiencing Mathematics），在2004年正式揭幕。展览的主要对象是青少年与儿童，以及家长与教师。当然一般社会大众只要是想多知道一些数学是什么，都可以从这个展览里获益。为达成体验的成效，展览采取互动方式，想让参观者感受到下列体验：

1. 令人惊异、引起兴趣、感觉有用。
2. 人人都能亲近。
3. 在日常生活里起很大的作用。
4. 与很多行业发生关联。
5. 在文化、发展与进步上扮演重要角色。

展览的主题分为10项：1.阅读自然；2.铺砖与对称；3.填补空间；4.联结；5.计算；6.构造；7.估计；8.优化；9.求证；10.对象与模型。

展览的设备总共有4套，3套分布在法国，1套可出借至各国展出。该展览已经在40余国、150多个城市举办过，吸引了超过200万观众。每套巡回展览设备包含27组动手实验与说明海报，6到8组可触摸的模型与对象，1或2个60 cm×200 cm的标题板，还有文献与说明小册，以及可互动的计算机屏幕，总重量约350 kg，展示空间需200 m²到300 m²。全套展览设备很容易装入一辆面包车运送，方便巡回展览。自2010年起他们更制作出展的虚拟版本，可以使用法语、英语、西班牙语、葡萄牙语、阿拉伯语来显示。

2013年3月5日，CCSTI与德国的"想象：开放的数学"（Imaginary: Open Mathematics）平台合作，在巴黎联合国教科文组织总部展出"行星地球的数学"（Mathematics of Planet Earth）。这是另外一套可在各国巡回展览的博物馆等级展品，帮助大众认识数学在与地球相关的问题中所发挥的作用。题材涉及天文学、流体力学、火山与冰川的数学、绘制地图的数学等。这套展览持续向外开放征求新想法及新模块，经过竞争后择优展出。已有的模块也可从"想象：开放的数学"平台开启观赏。

二、德国

"体验数学"与"行星地球的数学"在各地展览的性质算是专题特展，而最早为数学建立有规模博物馆的地方是德国的吉森（Gießen），在吉森大学数学教授伯特斯帕赫（Albrecht Beutelspacher, 1950— ）的指导下，一座3层楼房被改建成数学博物馆，命名为"数学宫"（Mathematikum），于2002年11月19日由当时的联邦总统亲临揭幕。伯特斯帕赫是国际知名的几何学家，一直对于普及数学有深刻的使命感。从1993年起，他就带领学生举办过多次动手做几何模型的展示、研讨会与教师培训班。他在杂志上写数学科普的专栏，也在电视的科普节目里露脸。

"数学宫"强调动手体验数学，展品模块从开馆时的50套，已经发展到现在的150多套，包括各种数学谜题与游戏，巨大的肥皂泡，令人迷惑的镜子，不用钉子、绳子、胶黏合而造的桥梁，以及许多让参观者感觉惊讶与好奇的展品。博物馆里还设置了"迷你数学宫"区域，以4到8岁的儿童为对象，让他们能感受到数学的威力与迷人的特色。从2004年起，博物馆每年还有"艺术数学宫"的特展，将博物馆的走廊改装成画廊，让观众欣赏如何以艺术的手法表现数学的概念。

三、美国

一位纽约的中学数学老师顾德罗（Bernie Goudreau）曾经于1981年创办一所迷你的数学博物馆。1985年顾德罗过世后，该馆就被称为"顾德罗艺术与科学中的数学博物馆"，一直以非营利机构的方式维持到2006年。每年9月到次年6月的周末开放参观，展品包括顾德罗与学生制作的大型木制多面体模型、各种可以动手操作的游戏或谜题、折纸活动，另外有一个收藏趣味数学书籍的图书室，并且经常举办各种数学科普活动。

顾德罗的迷你数学博物馆吹了熄灯号之后，很多喜爱数学的美国人甚感遗憾，偌大北美洲居然没有一间专门展示数学的博物馆。加州大学洛杉矶分校数学博士、到华尔街投资公司高就的惠特尼（Glen Whitney, 1969—   ），决心放弃高薪职位，努力通过募款重新建立美国唯一一所数学博物馆。他募得2000万美元，其中包括谷歌的200万美元捐款，于2012年12月在纽约曼哈顿开设"国家数学博物馆"（The National Museum of Mathematics，简称MoMath）。

惠特尼认为外界流传各种有关数学的迷思，例如，数学超级难、数学太无聊、数学是男生的科目、数学与现实生活无关，都是社会文化上的迷思，建立 MoMath 的目的就是想把它们都打破。因此博物馆特别强调动手操作亲身体验，绝大部分的设施都是可以操作或互动的，其中若干项特别吸引人：有一种每个轮子都是正方形的三轮脚踏车，但是在设计好的波浪形地板上骑驶，感觉完全如同平地骑圆轮子脚踏车一样，毫无颠簸的现象。有从"想象：开放的数学"平台引进的 SURFER 软件，可以让观众当场互动绘制各种代数曲面。还有用全息术（holography）展现众多绳结在空间里的缠绕状态，也有埃舍尔（M. C. Escher, 1898—1972）式的各类平面镶嵌图片以供操作。在一个小房间中，当观众伸张开双臂，墙面上就会显示出双手变成树状分形（fractal）的影像。在某块感应地板区，观众可以玩联结网络节点制造最短路径的游戏。MoMath 展览内容的原始设计人是纽约石溪大学教授哈特（George Hart, 1955—　），他花了五年时间来设计展览物件，以及公众参与的活动项目。哈特自身是几何学专家，他应用几何概念创作艺术性的雕塑，作品已经为多所大学所收藏展示。现在哈特已辞去石溪大学的教职，专门担任 MoMath 的内容总监。

四、英国

在世界各国的科学博物馆、探索馆、教育馆里，经常会有与数学相关的展览品，规模比较完整的场所有可能设置数学陈列室。伦敦科学博物馆创建于1857年，是历史悠久、声望卓著的公立博物馆。哈定夫妇（David and Claudia Harding）的一笔500万英镑的捐款，是该馆有史以来数额最高的私人捐款。哈定数学展览厅在2016年底落成开放，由该年过世的伊拉克裔英国女建筑师哈迪德（Zaha Hadid，1950—2016）负责建筑设计。哈迪德曾经为台中市设计古根汉美术馆，因此得到有"建筑界诺贝尔奖"美誉的普利兹克（Pritzker）建筑奖，从而声名大噪，可惜台中古根汉美术馆的设计方案最终并未实现。哈迪德曾在中国完成相当数量设计大胆新颖的地标性建筑，如广州大剧院、南京青奥中心、香港理工大学建筑楼、北京大兴国际机场，这使她成为大家熟知的建筑大师。哈迪德在黎巴嫩读大学时，主修的就是数学，这对于她设计数学展览厅，应该有一定程度的影响。整个展览厅像是一座风洞，中间悬吊了一架1929年的实验型飞机，各展览柜也是依照空气流过飞机时的流线安排摆放位置。这个展览厅的宗旨要讲一段400年来数学发展的故事，让观众能够认识数学在人们生活中扮演的重要角色，以及探索数学家如何使用他们的工具与概念，协助现代世界的成形。

五、日本

主导法国CCSTI设计展览品的日本数学家秋山仁，是日本较早进入图论（graph theory）研究而在国际上卓有名望的数学家。长发美髯经常绑着漂亮头带，他不太像一般的数学家。除了专业研究外，秋山仁对于推广数学教育不遗余力，创作与翻译了多本数学书籍，写了大量的数学科普文章。从1991年起，他在日本最大的公共电视网NHK电视台做普及数学知识的讲座，吸引了超过500万名观众。秋山仁从2012年起担任东京理科大学理数教育研究所所长，在该校设立了一所"数学体验馆"。秋山仁认为数学之美是人类的珍贵财富，但是却不容易让人轻易享用。他想运用多种具体的手段来表现这种美，并让观众可以通过感官直接触摸来体会，期望能把观众原来对数学的刻板印象彻底翻转。秋山仁把他多年发展数学展览的经验，与菲律宾马尼拉雅典耀大学（Ateneo de Manila University）的数学教授鲁伊斯（Mari-Jo P. Ruiz，

1943— ）合写成一本书《数学奇境一日游》(*A Day's Adventure in Math Wonderland*)。书中以三位假想的中学生在一天中游览数学博物馆的体验为基础，解说了各种互动模型的数学原理，使三位学生终于深刻地品味出数学的美、有用与无所不在。此书已经有七种语言的译本。

综观当代数学博物馆的发展趋势，传统静态观赏的方式已经无法发挥其功效，必须强调让观众与展品之间互动，才能使观众留下亲身体验后的深刻印象。互动的方式传统上是对实体对象的操作与使用，现在日渐流行通过计算机软件、计算机动画、全息术或3D打印等信息工具进行互动。此外，能吸引学生、家长以及社会大众参观的数学博物馆，除了展览项目外，一定还要经常配合举办专家讲座、实做工作坊、外出流动性展示、与学校合办校外教学等各式各样的活动。要建设与营运一座内容精彩的数学博物馆，从经费到展品设计虽然都不是容易的事，但是数学是由真理与美所支撑的根本学科，任何文明国家都应该努力设置这样的公众教育场所。

以艺术展示
数学及其启示

　　多数人学习数学的经验是痛苦的，印象里数学以出难题为能事，除了被当作升学筛选人才的工具外，一般人日后似乎也只会用到加、减、乘、除，以及一点初等的几何概念而已。我常在数学科普演讲的场合里提醒听众，如果数学的作用真的就局限在解答数学难题的话，老早便应该被社会抛弃了，哪有可能从巴比伦与埃及时代延续近4 000年至今呢？

　　我们的学校数学教育几乎完全集中在数学的专业知识，难得触及数学的文化价值，以及与社会互动的历史。其实数学并非在脱离世事的状况下发展，数学会受到科学、工程与技术的冲击自然不在话下，即使艺术对于数学也曾产生过深远的影响。譬如以绘画艺术为例，在意大利文艺复兴时期，由布鲁内莱斯基（Filippo Brunelleschi, 1377—1446）开创的线性透视法，经过阿尔贝蒂（Leon Battista

Alberti, 1404—1472）阐述其中的数学原理，逐渐成为画出更为接近真实世界的标准方法。阿尔贝蒂的名著《论绘画》开宗明义："我首先要从数学家那里撷取我的主题所需的材料。"至于运用透视法极为纯熟的弗朗切斯卡（Piero della Francesca, 1415—1492），在当时根本被当作数学家。由绘画艺术发展出来的透视法，后来影响到数学家对于射影几何学的建立，射影几何学是19世纪数学的重要分支。

以往很多抽象的数学概念，只能在数学家的头脑中想象，很难传达给外行人体会。但是自从计算机带来软硬工具的革命性进步，数学的抽象建构也得以用艺术的手法呈现出来。近期更因为3D打印与激光切割技术的协助，数学艺术能更精准地从平面走向立体。国际上很多艺术家都积极从数学汲取灵感，创造出炫人耳目的新型作品。

2008年是德国的"数学年"，活动首要在扭转学生以及教师对于数学的认知，他们喊出的口号是："你知道的数学比你自以为的还多！"（Du kannst mehr Mathe, als du denkst!）对于社会大众，不再摆出由上而下的教导态度，反而是在他们对于数学的观感上下功夫。利用各种媒体让民众听到、看到、接触数学在干什么，是关于什么的，以及有什么挑战。为了达成这些目标，德国数学界做了众多的公关活动，印行了大量宣传品，并且尝试开发新型的数学传播工具与途径，使得德国在数学传播与推广方面，也进入新的专业化阶段。

最引人瞩目的展览是"想象——以数学之眼"（IMAGINARY—with the eyes of mathematics）。该巡回展览是由上沃尔法赫数学研究所（Mathematisches Forschungsinstitut Oberwolfach，MFO）策划，使用图像、3D雕塑、多媒体影音及互动软件等，以多元且直观的方式帮助民众"看见"数学的美。为了加强展览品与观众的互动，主办单位特别制作了一套名为SURFER的软件，让观众很容易经由触控屏幕，画出各种美丽的代数曲面。在德国媒体的支持下，公开举办用SURFER绘画的竞赛。"2008数学年"结束以后，IMAGINARY的巡回展更走出了德国国境，前往奥地利、法国、葡萄牙、瑞士、英国、美国、西班牙展览。因为这个巡回展览的巨大成功，在德国克劳斯·茨奇拉（Klaus Tschira）基金会的支持下，MFO建立公开平台"想象：开放的数学"网站，不仅向全世界的优秀团队征集展览素材，还免费提供个人或团体使用，并且可以协助办理展览事宜。IMAGINARY已在50个国家巡回展出超过160场，参观人次超过200万，从平台下载的次数则超过百万。因为有世界各地网民的积极响应，这些数字还在持续快速上升。

2014年8月国际数学家大会在韩国首尔举行，有来自100个国家和地区的共5000余人出席。会场设在"国际会议暨展示中心"（COEX），COEX大厦是一个庞大又现代化的会议、商展、购物中心。韩方在众多数学家来访首尔期间，同时举办了很多项提升公众对于数学认知的活动。在COEX也预留独立的空间展出IMAGINARY，韩方承办展览的机构是"国家数学科学研究所"（The National Institute for Mathematical Sciences, NIMS）。这个位于韩国大田的研究所在2005年成立，宗旨是推动尖端研究，结合数学与技术来解决国家发展中面对的问题，并且致力传播数学知识，培养新一代的研究人才。

我在前往首尔参加国际数学家大会之前，并没有特别关注到IMAGINARY展览。然而每日在COEX会场里穿梭，自然觉察到有一个展览区对外开放，而且来参观的中小学生特别踊跃。在好奇心的驱使下，我也抽空跟着挤进去，结果大感惊艳。他们提供的互动软件SURFER非常好用，可画出代数方程对应的各种形状的几何曲面，并且加以着色。SURFER的互动功能使观众得以移动观察曲面的各部分，以及在变动曲面方程系数下观察曲面的变化。因为SURFER操作简便，所以连中学生都有能力制作美丽的图像。这样的软件工具在学习函数与几何等数学知识时，必然可以发挥极大的辅助功能。

我从首尔返台之后，不时向数学界友人谈及参观IMAGINARY展览的感想，盼望这类精彩的作品有机会进入台湾嘉惠学子。结果台湾数学学会理事长及秘书长、台湾大学数学系的陈荣凯教授与王伟仲教授在2015年3月25日来找我，台湾数学学会有意愿引进IMAGINARY展览，并且已经跟德国的团队有过初步接触，对方态度非常开放与支持，除一些3D打印成品需购置外，绝大多数展品都可免费下载、在中国台湾印制公开展览。他们两位希望由台湾数学学会组织一个策展工作小组，由我担任召集人来推动这项工作。

台湾数学学会把展览的中文名称定为"超越无限·数学印象"，决定承继原始IMAGINARY的画廊风格展览方式，凸显以艺术手法表现数学，使得观众能够沉浸在数学与艺术交融的环境里安心静赏，而不至于被数学的硬知识吓倒。依循这样的策展方向，我也推荐引进三组本地的展览项目，他们的作品都曾经在国外获选参加展示：

1. 台湾大学金必耀教授团队以串珠与串管的方式展现化学分子的空间结构，这些美丽的作品更充分揭示了空间几何的对称特性。一般群众对于化学影响日常生活的印象比较鲜明，通过金必耀教授团队的作品，更能够体会到数学在化学中发挥的作用。

2. 台湾交通大学陈明璋教授展示以 PowerPoint 为平台，所发展的结构式绘图系统 AMA，可以绘制仿自然山水画与复杂的对称构图以及光点系列。陈教授的系统特别能彰显反复运用简单的原理，即可造成极为繁复的表象，正是数学以简驭繁精神的实践。

3. 由新近投入数学艺术的余筱岚与荷兰艺术家若洛夫斯（Rinus Roelofs）合作的"多面体花园"，大力扩展了达·芬奇（Leonardo da Vinci, 1452—1519）为《神圣比例》（*De Divina Proportione*）所作插图的多面体构形法，制作出各式各样艺术化的多面体。若洛夫斯同时展出了他在链接孔结构方面的精美图像及3D打印作品。另外，余筱岚还带领志愿参与的学生，使用 Zometool 这种建造数学模型的精致工具，搭建直径逾3 m的大球。

"超越无限·数学印象"从2015年12月18日至2016年2月29日在高雄科学工艺馆进行第一阶段展览，于2016年3月18日转移至台北科学教育馆进行第二阶段展览直至5月1日。台北的展览更增加了花莲东华大学魏泽人教授制作的软件系统，当场将观众面部的影像，与系统提供的17种不同画风的背景实时产生风格融合的写真。魏教授编写的连接网络程序系统，与当时媒体热议的 AlphaGo 人工智能系统相似，因而引起观众的热烈反响。

在筹办"超越无限·数学印象"展览的过程中，在募款、媒体与网络宣传、培训学生导览员等方面，我们都得到了比预期更好的效果。德国团队的维奥莱（Bianca Violet）小姐替我们设计了展览的标志，并且在高雄开展前亲自来到中国台湾，参与各项推广活动。为了增加与群众的互动机会，在中国台湾展览期间南北共举办了17场工作坊，两次中学数学教师专题研习会，以及使用SURFER作画的公开竞赛。工作坊的内容尤其丰富，包含折纸、多面体模型、数学玩具、数学魔术、软件实操、数学写作等，还有日本的算法专家深川英俊、几何艺术家日诘明男以及制作立方万花筒的高手园田高明带领活动。若洛夫斯也利用台北科学教育馆宽广高挑的门厅，指导青少年搭建达·芬奇的穹顶结构。

　　策展团队初步设定的目标，只是希望观众经由观赏，改变对数学的刻板印象，进而激发与解放出旺盛的想象力。通过数月的展览与工作坊活动，我们逐渐产生了一些开拓未来数学教育方向的想法。总结"超越无限·数学印象"展览的经验，相信已经产生了几项提升群众对于数学的认识的效果：

1. 扩充数学教育的场域。

　　通常谈到数学教育，大家联想到的是教室里教的数学。其实这是把数学看成专技与工具知识的后果。倘若把数学融会在历史、文化、社会的情境中来学习，相信多数人能培养出实用的数感，以及欣赏空间形体美的能力，不仅会改进思考时的条理，也能从数学家的奋斗中得到精神激励。所以，应该从消解教学的桎梏做起，把数学教育由学校扩及社会。

2. 翻转数学学习成就的评价。

展览期间举办的各种工作坊，提供了非常多的宝贵经验。工作坊几乎都包含动手做的活动，这些活动老少咸宜并且参与者热情高涨。在数学教室里表现不出色的学生，有可能因为动手做的具体成果，恢复自己对数学的信心。所以数学学习成就的评价基准、角度与方式，也应该有适度的翻转，使得不擅长纸笔考试的学生，也能获得积极正面的肯定。

3. 促进"艺数"展览遍地开花。

"艺数"展览的经验，指引出另外一种促进学生学习的可能性。展览与工作坊使用最多的材料是平价的纸张，如果有需要借助计算机操作，通常会使用免费的软件。因此在学校的班级里，同学可以分组制作"艺数"品，然后举办校内的观摩展览。目前数学学习多半是学生个人与难题拼搏，然而制作"艺数"品并在校内展览，可以强化学生的合作学习与沟通能力，从而扩大数学教育的影响面与层次。

4. 与国际伙伴共创潮流。

继高雄与台北之后，在嘉义大学还有一次较小规模的展览,这三次展览在IMAGINARY官网中都有记录。IMAGINARY累积了国际上"艺数"展览的经验与人脉,开始举办交流经验的国际研讨会。研讨会命名为"IMAGINARY开放与合作传播数学研究研讨会"(The IMAGINARY Conference on Open and Collaborative Communication of Mathematical Research),宗旨在:(1)探讨数学传播工作的前景;(2)找出成功转化数学知识的途径;(3)寻求现代的工具、概念与策略,以便有意义地引入群众的参与。第一届于2016年7月20至23日在德国柏林举行;第二届于2018年12月5至8日在乌拉圭蒙得维的亚举行;第三届原定2020年9月8至11日在法国巴黎举行,但因新冠疫情影响而延迟。"超越无限·数学印象"展览的成功,让中国台湾推动数学文化普及的工作已经与国际数学传播的道路接轨。我们可以继续积极参与国际活动,吸取先进经验,贡献心智与力量来创造新潮流。

默比乌斯把
纸带转了几圈

　　记得2018年初我在搜索引擎里打入"默比乌斯"，出乎意料地第一页跳出的全是关于电影《默比乌斯》的信息。我本来对此电影毫无所知，瞄了一下摘要文字，原来是一部没有台词、内容不太健康的电影。再用英文Mobius打入搜索引擎，结果出来的都是电游"默比乌斯Final Fantasy"的信息。这是一款可以在手机上单打独斗的游戏，需要操作丧失记忆的主角与各种魔物在未知世界里厮杀。其实我想找的是数学家默比乌斯（August Ferdinand Möbius，1790—1868），哪里知道他的大名已经被移植到与数学不相干的领域。

　　日耳曼地区在默比乌斯出生的时候，还没有一位国际知名的数学家。但当他过世时，日耳曼的数学家已经发挥了强大的影响力，吸引各国年轻人纷纷前来学习。这种巨大转变的关键性因素是高斯（Carl Friedrich Gauss，1777—

1855）的横空而出，彻底革新了数学的面貌。1815年默比乌斯曾去哥廷根（Göttingen）跟随高斯学习理论天文学，次年进入莱比锡（Leipzig）天文台担任观察员。19世纪初的日耳曼世界，当天文学家远比当数学家有更良好的声誉以及安稳的待遇。高斯跟默比乌斯同样是寒门出身，不也在1807年开始终身领导哥廷根天文台吗？

默比乌斯虽然最终成为莱比锡大学的天文学正教授，但是时至今日他所留下的学术遗产，却在数学上有多方面的贡献，最有趣的是他晚年所发现的一条极简单又美妙的环带。请读者拿一张长纸条，把一端转180°与另一端粘在一起，便完成了神奇的默比乌斯环带。这个环带突出的特性是它只有单面，不像原来的纸带有正反两面。那么有一个面到哪里去了？当你沿着纸带表面向前走到原来的一端时，因为已经做过半圈的旋转，你现在就滑入了原来纸带的背面。于是在默比乌斯环带上走啊、走啊，永远不需要翻过侧缘，也永远碰不到尽头！

在空间里看起来扭曲的默比乌斯环带压扁到桌面上，就得到下图左边的平面折叠图形。此图与右边一商标很相似，相异之处在于商标左侧的那段纸带是在底侧纸带的上面。

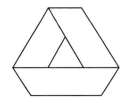 

其实，我们可以用折纸方法制作这个商标。首先拿出一张长条纸，我们要在一端折出一个60°底角。如下图所示：

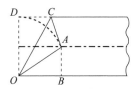

先把长条纸上下边缘对齐，产生一条中线。然后把左边缘的线段DO往中线折叠，使得点D碰触到中线上的点A，于是$\angle BOC$就刚好是60°。为什么呢？让我们从A作垂直线段AB，假设AB的长度是1，则$AO = DO$长度便为2。从三角关系便知$\angle AOB$为30°，从而$\angle AOD$就等于60°；但因$\angle AOC$与$\angle COD$相等，所以$\angle AOC$也是30°，那么$\angle BOC$就是60°了。

在长条纸上折出了CO这条折痕，接着我们用剪刀沿着CO剪下去，把三角形COD丢掉。然后把O点折到上缘，

使得线段 CO 与上缘边线重合，就会产生一个正三角形。下一阶段用这个正三角形作为模版，把长条纸反复折叠，打开后修剪掉右边多余的纸条，就成为具有15个正三角形折痕的纸条，如下图所示：

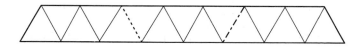

最后沿两条粗虚线（在折纸的术语里，左边称为谷折、右边称为山折），把左段折在前面，右段折到背面，右端放在左端上面，用胶水黏合，就得到如图所示的商标。如果仿照旋转纸带制作默比乌斯环带的方法，我们可以抓紧长条纸带一端，把另一端同方向旋转三个180°后黏合，然后压扁到平面上，也会得到商标的图形，只是边的长度也许没那么整齐。

　　有人说默比乌斯是偶然间发现了以他命名的环带，其实这是有点戏剧化的讲法。默比乌斯在研究如何构造多面体时，使用了一种基本的想法，就是以黏合三角形来逐步形成多面体。为了准备参加法国科学院有关多面体几何理论的竞赛，默比乌斯也研究了非封闭型（也就是会有边界）的多面体，他从操作类似上图的折叠图中发现了单面曲面。

在默比乌斯身后出版的著作全集里，收录了一篇未曾发表的1858年文稿，其中包含了下图里旋转3, 4, 5个半圈的环带：

Möbius, *Gesammelte Werke*, II, p. 520

可见默比乌斯系统地分析了这类环带，发现旋转半圈的次数如果是奇数，产生的环带只有单面；如果次数是偶数，则环带仍然保有正反两面。他更深刻地察觉到，这些单面曲面上无法赋予明确的方向。也就是说你从一点出发，你知道当时的顺时针方向为何，而当你沿着环带游历一周后，虽然你觉得处处延续了正确的顺时针方向，可是返回出发点时，却与原始的方向背反。默比乌斯环带破坏了所谓的可定向性，这是属于曲面的拓扑性质，是比度量长度、角度、面积、体积更宽松的几何性质。

　　1858年默比乌斯写下单面曲面研究成果的前几个月，另外一位现在少为人知的数学家李斯廷（Johann Benedict

Listing, 1808—1882）已经做出了同样的环带。李斯廷在1861年出版的专著里，公布了单面环带的存在。默比乌斯到1865年才在公开发表的著作里披露了单面环带。李斯廷甚至在1847年出版了有史以来第一本使用"拓扑学"这个名称的书（德文书名为 *Vorstudien zur Topologie*）。不过，今日即使想替李斯廷讨个公道，把默比乌斯环带改名为李斯廷环带，恐怕也无能为力了。

制作默比乌斯环带如此简单，很难不让人怀疑更早就有人发现它了！在李斯廷之前的数学文献里，到目前为止没有发现有关默比乌斯环带的记载。那么我们何不把探索的对象转移到各种艺术图像呢？结果在意大利的古迹山提农（Sentinum）罗马别墅中，发现公元前250—前200年时期的墙壁马赛克，正中央描绘了永恒时间之神艾永（Aion），站在一条代表黄道诸星辰的环带之中。当我们仔细沿着环带移动时，能够毫无疑义地分辨出是在一条默比乌斯环带上游走。现在还可在多处看见古罗马遗留下艾永的绘像、浮雕、马赛克，然而唯有在山提农的墙上，艾永所踩的环带是默比乌斯环带。山提农的马赛克在1828年被送进了慕尼黑的博物馆，30年后李斯廷与默比乌斯先后研究了这个特殊的环带，他们是否曾经去慕尼黑博物馆参观过，因而受到古罗马人的启示？我们恐怕永远也无法确知，然而要写一本

《默比乌斯密码》之类的书，也许有可能编写出充满悬疑的
故事。

艾永马赛克

充满数学
色彩的
埃舍尔艺术

2011年台北故宫博物院最轰动的展览是"山水合璧——黄公望与富春山居图特展",平均每日吸引八千多人来观赏,台北故宫博物院管理当局以为这是当年全世界最受欢迎的展览。可是根据国际知名的《艺术新闻》(*The Art Newspaper*)所做的统计,黄公望与富春山居图特展只排第三名。夺得冠军的是巴西里约热内卢"埃舍尔的魔幻世界展览",平均每日观赏人数高达九千多。这项纪录促使台北故宫博物院注意到埃舍尔(M. C. Escher, 1898—1972)此号人物,并在2014年引入"错觉艺术大师——埃舍尔的魔幻世界画展",让台湾大众有机会欣赏原来并不熟悉的埃舍尔杰作。

埃舍尔独特的艺术风格经过长年的酝酿与琢磨,直到50岁后才逐渐地获得国际上的知名度。与其他艺术家相比,他的粉丝里数学家特别多。虽然埃舍尔的正式数学课只上到中学阶段，然而他的作品浸润于数学的程度可说空前，因此开创了数学与艺术交融的崭新可能性。与其把错觉艺术大师头衔加冕于埃舍尔，倒不如称他为数学艺术泰斗更为恰当。

埃舍尔与数学结缘是从1936年到西班牙阿尔罕布拉宫（Alhambra Palace）观光开始，在那里他临摹了大量摩尔人的马赛克。这些变化平面分割的艺术形式，激发了他创造独特风格版画的灵感。他把作品给作为地质学教授的同父异母兄长看，兄长介绍他阅读数学家波利亚（George Pólya，1887—1985）有关平面对称群的论文，自此他才接受当代数学的洗礼。他自称看不太懂抽象的群论，但是对于17种平面的对称群，却有艺术家独具慧眼的体会。他慢慢地发展出自己的分类方法，可以涵盖各种形状、色彩以及对称的组合。到1941年他写了一本仅供自己参考的小册子，其中有些成果已经走在专家前面了。

1954年国际数学家大会在阿姆斯特丹召开，这是全世界规模最大的数学家聚会。大会筹备委员德布鲁因（N. G. de Bruijn，1918—2012）当时任教于阿姆斯特丹大学数学系，他认为埃舍尔的作品充分代表了艺术与数学的交融，因此特别安排了一次埃舍尔的个人展。结果大受与会数学家的喜爱，埃舍尔也因而结识了英国数学家潘罗斯（Roger Penrose，1931— ），以及加拿大几何大师寇克斯特（H. S. M. Coxeter，1907—2003）。潘罗斯与埃舍尔相互启发，各自发展出一些所谓"不可能的图形"，也就是在平面图纸上画得出，但却无法在三维空间里实现的一些错视造型。寇克斯特则在埃舍尔尝试创造某些以有限表示无限的精彩图形上，指导他有关的几何知识。总而言之，经过这次特展，埃舍尔不仅拓开了作品的销售市场，他也进入了世界数学家的视野。

埃舍尔在1953年曾说："虽然我自己完全没做科学研究，但我常感觉亲近做科学的人更胜于我同行的艺术家。"不过他也替数学家感到些许遗憾，在一篇谈及数学家只考虑分割平面理论的文章里，他说："他们打开了通往广袤园地的一扇门，但却没有走进这片园地。受制于数学学科的本性，他们关心园门是怎么打开的兴致远胜于一探门后究竟。"自1972年埃舍尔过世后，也许是受到他的成就的鼓舞，也许是当代强大计算机科技增进了数学家可视化的能力，40年间愈来愈多的专业数学家与业余数学爱好者，开始在这片丰美的园地里寻幽访胜。美国数学会的网站特别设置了"数学意象"（Mathematical Imagery）专区，曾经在首页里特别强调埃舍尔作品中表现了无穷、默比乌斯环带、镶嵌、变形、反射、柏拉图正多面体、螺线、对称、双曲线型平面等数学主题。

寇克斯特于1961年出版的《几何入门》一书中，介绍了一些传统此类书不会触及的题材，他特别选用埃舍尔的作品来说明某些新奇的几何观念，从而引起了加德纳（Martin Gardner，1914—2010）的注意。加德纳从1957年到1981年替《科学美国人》（*Scientific American*）杂志写数学游戏专栏，非常受读者欢迎。不少人因为阅读他的文章而喜爱上数学，也有不少数学家为他提供源源不断的题材。加德纳撰文赞扬寇克斯特的《几何入门》，并且向读者引介了埃舍尔的特殊艺术作品。1961年4月号《科学美国人》的封面标注着"数学马赛克"，一行行头尾相接的彩色雁鸦向右飞翔，它们之间的空隙刚好形成另外一行行向左飞翔的白色雁鸦。两类雁鸦密铺了整个平面，所有的雁鸦都是一个形式，彩色的与白色的又能产生镜像对称。埃舍尔这幅作品让广大数学喜好者感觉惊艳。

1966年加德纳以整篇专栏文章，专门介绍了埃舍尔多样的成果。使得他的名声大噪，特别是北美的读者反应热烈，要求购买复制品的信件如雪片飞来。至此，埃舍尔似乎才找到能跟他心灵相通的群体。他在1959年写给儿子的信里还说："我开始说一种极少人能理解的语言，使我愈来愈感觉孤独。数学家也许对我友善并显示兴趣，像长辈拍我的背给予鼓励，但是到头来我还是个手脚笨拙的外行人。艺术界的人则感觉厌烦不耐。"时代总是会变的，现在与20世纪60年代或70年代相比，已经有大批人士从数学概念中寻找出艺术的灵感，这也许是计算机时代必然引发的理性艺术风格的趋势。

其实数学家加强自己的艺术素养，就能够从杰出的艺术作品中援引一些例证，辅助自己或学生对于某些抽象观念的可视化理解。而艺术家不妨从当代数学很多新鲜概念里借鉴，像是分形、混沌、拓扑，都会启发前人难以想象的图式。台湾数学界在与艺术结合方面特别让人赞赏的是台湾大学化学系金必耀教授及其团队，原创出用串珠方式建造复杂而巨大的分子模型。他们的作品不仅达到化学教育的目的，同时更成为极为美观的数学艺术品。美国数学会从2009年开始，每届年会都举办数学艺术的评奖与展览。金必耀教授团队（包括台北第一女中的师生）的作品屡屡入选。我们乐见数学除了被当作一种工具性知识来教育外，也有机会发挥培育美感教育的功能。

一张纸折出了乾坤

　　有人童年没玩过折纸游戏吗？还记得怎么折小船、纸球、飞机以及四指开阖的东南西北吗？大多数人终其一生对于折纸的印象，也就停留在这些童玩上。其实自20世纪后半叶，折纸所达到的复杂与精致程度，折叠仿真对象的多元化，以及折纸纯粹形式美的创新，无不令人叹为观止。尤其近十年，诸如航天、医技、材料、建筑、时装、制造、机器人各领域，都利用折纸概念实现了出人意表的突破。

　　折纸艺术主要兴起于日本，最早被神道僧侣运用在祭祀上，但是折法却多秘而不宣。目前存世最古老的折纸专书《秘传千羽鹤折形》，迟到1797年才刊行。在日本传统折纸中，纸鹤是最为人熟知的造型。传说只要折出一千只纸鹤，所许的心愿就会成真。其实除了纸鹤外，日本传统折纸的花样并不太多。一直到20世纪30年代，吉泽章（Akira

Yoshizawa, 1911—2005）才推动了折纸艺术划时代的转变，他创作出大量崭新的造型，发明了湿纸折法，更提高了折纸的艺术内涵。西方世界从20世纪60年代起逐渐注意到他的作品，从而使得国际上习惯用日语折纸（折り纸，origami）作为这种艺术的名称。当今世界上多位折纸名家都深受吉泽章的影响与启发。

例如美国的兰恩（Robert J. Lang, 1961—　）原是加州理工学院喷气推进实验室的科学家，后来辞职成为专业折纸家。他创制了一套计算机程序，可以帮忙设计极为复杂的折纸。他还协助加州劳伦斯伯克利国家实验室，利用折纸概念解决了新一代空间望远镜的运送问题。法国的折纸名家埃里克·乔塞尔（Éric Joisel, 1956—2010）是专业艺术家，他所折的爵士乐队，每个人物都栩栩如生、表情丰富。至于屡次在日本电视竞赛中荣获桂冠的神谷哲史（Kamiya Satoshi），虽生于1981年，却早已是享誉国际的折纸大师。他历时两个月折成的金龙，其复杂程度简直让人不敢相信金龙是由一张纸所折出的。

折纸这种逐步结合童玩、艺术、数学、科技的发展历程，真可说是一场惊异奇航。其中尤其令人好奇的是，折纸最早是怎么跟好似相差十万八千里的数学发生关联的呢？

想了解这段历史，首先应注意到19世纪德国大数学家克莱因（Felix Klein, 1849—1925）的影响。克莱因在多个数学领域里都有开创性的贡献，特别是1872年提出对数学发展影响深远的"埃尔朗根纲领"（Erlangen Program），主张使用对称群来区分几何学的各种分支。此外，克莱因对于中学数学师资的培育也非常重视，1895年他为"促进数学与科学教学协会"写了《初等几何的著名问题》一书，针对古希腊三大作图难题（倍立方、三等分任意角、化圆为方）的不可解性给出了简明论证。克莱因于第五章《代数作图的一般情形》里，提到在欧几里得的直尺与圆规作图法之外，还有一种非常简单的方法，就是纸张的折叠。他特别提出数学家维纳（Hermann Wiener, 1857—1939）已经用纸张折叠法，制作出一系列正多边形。他更表示几乎同时，有一位在马德拉斯（现名清奈）的印度数学家鲁生达（Tandalam Sundara Row），于1893年出版了一本小册子《折纸作为几何练习》（*Geometrical Exercises in Paper Folding*，以下简称《练习》）。除了一些直线构成的几何形体外，《练习》甚至可以教人用折叠纸张产生曲线上的点。《练习》很可能是第一本正式把折纸与数学结合的书籍。

我们对于鲁生达的生平所知有限，据1915年《印度传记辞典》记载，他出生于1853年，在政府税务部门工作，因此他有可能是在公余钻研数学。除了《练习》一书外，他还出版过一本初等立体几何的书。《练习》经过毕曼（Wooster Woodruff Beman, 1850—1922）与史密斯（David Eugene Smith, 1860—1944）的编辑与修订后在美国出版，之后获得相当广泛的流传。毕曼与史密斯正是读过克莱因的书，才知道有《练习》这本风格特殊的著作。他们更赞扬："该书所提供的方法如此新颖，结果又如此容易获得，不可能不唤醒学习热忱。"1931年商务印书馆曾出版过鲁生达《练习》的中译本，书名为《折纸几何学》，由陈岳生译、段育华校。

《练习》确实是一本破天荒的书，那么鲁生达是从什么地方得到灵感，才会写出与普通几何课本截然不同的书呢？他在序言里说这本书的理念来自"幼儿园恩物第8种——折纸"，什么是"幼儿园恩物"呢？

现代幼儿园的创始人是德国的福禄贝尔（Friedrich Fröbel, 1782—1852），他主张幼儿教育应该在宽容自由的环境里顺应本性、满足本能，从而唤醒人内在的神性。他因此认为游戏是幼儿教育的核心，动手做更是不可取代的重要活动。由于他的思想基础是建立在宗教信仰之上的，他把设计的玩具称为神的"恩物"（gift）。经过他与后继者的发展，这些恩物包括简单几何形体，以及打洞、缝纫、绘画、编织、折纸、剪贴等手工活动。福禄贝尔恩物编号并不统一，因此在后世版本中折纸的编号或与鲁生达有出入。

鲁生达在《练习》中说，幼儿园使用恩物不仅给小朋友提供了有趣的手工游戏，更训练心智和领悟科学与艺术的能力。另外值得注意的是，他接着指出，日后学习科学与艺术时，特别是在平面几何课堂上，灵活地使用幼儿园恩物，会使得教学变得更富趣味。他这种观点偏离了以欧几里得公理系统教几何的传统，他认为从一般教科书的拙劣配图去理解命题，只会迫使学生勉强背诵，不如引导他们折叠正确的几何图形，使命题的正确性在脑海里留下更深刻的印象。他特别举了一个例子，利用产生误导的图形，好似能证明出每个三角形都是等腰三角形这个荒谬的结论。错误的发生是在图形中用过某个在三角形内部的点，但是如果以纸张折出各个线段的话，会清楚显示该点必须在三角形之外，因此原推论根本不能成立。

鲁生达在《练习》中利用纸上的折痕从正方形折出正三角形，进而折出正5边形、正6边形、正8边形、正9边形、正10边形、正12边形、正15边形。此外，折痕再加推论又导出好些几何定理，例如勾股定理。

鲁生达虽然说："折叠纸张比使用直尺圆规更容易执行几项重要的几何操作。"但他没有完全解决三等分任意角的问题，只从折叠纸张得到非常好的近似值。20世纪70年代日本折纸家阿部恒（Hisashi Abe，1933—2015）首先使用折纸解决了三等分任意锐角。1984年法国折纸家尤斯丁（Jacques Justin）成功三等分了任意钝角。《练习》也考虑过倍立方问题，不过认为无法用折叠得到答案。鲁生达的结论后来被证明是错误的，1936年意大利女数学家贝洛西（Margherita Piazzolla Beloch，1879—1976）用折纸解出三次方程，也就是说折纸可解倍立方问题。

折纸的成品虽然包罗万象，可是折纸的基本步骤却都很简单。这有点像欧几里得几何系统，虽然几何定理千变万化，但是万变不离其宗，一切论证都得从少数的基本定义与公理出发。如果我们暂时不管折纸的艺术目标，只专注于纸张上产生的折纹，它们无非是一些线段以及线段之间的交点。我们就可以拿来与欧几里得几何的作图相较量。

欧几里得的作图基本上就是3种操作：（1）已知两点 A 与 B，可作一直线段联结此两点；（2）已知一点 P 以及一直线段长度 r，可作一圆以 P 点为圆心，而用 r 当半径；（3）当直线段与直线段、直线段与圆、圆与圆之间有交点时，可以作出交点。有限次反复操作这3种基本作图方式，就可以作出所有欧几里得系统里的图形。这种作图法也可说是直尺与圆规的作图法，不过特别要注意的是，欧几里得所允许运用的直尺是不准有刻度的。

我们也可以利用折纸作出各种直线以及它们的交点，

那么折纸作图的基本规则有哪些呢？ 1992年，日裔意大利人藤田文章（Humiaki Huzita，1924—2005）首先归纳出6条规则，后来日本人羽鸟公士郎（Koshiro Hatori）、美国人兰恩以及法国人尤斯丁，分别发现了还有第7条规则。下面是7条规则：

1. 给定点 p_1 与 p_2，可以折出通过这两点的直线。

2. 给定点 p_1 与 p_2，可以把 p_1 折到与 p_2 重合。

3. 给定直线 l_1 与 l_2，可以把 l_1 折到 l_2 重合。

4. 给定点 p 与给定直线 l，可以通过 p 折出 l 的垂线。

5. 给定点 p_1 与 p_2 以及直线 l，可以把 p_1 折到与 l 重合，同时折线通过 p_2。

6. 给定点 p_1 与 p_2 以及直线 l_1 与 l_2，可以同时将 p_1 与 p_2 分别折到与 l_1 与 l_2 重合。

7. 给定点 p 以及直线 l_1 与 l_2，可以沿着 l_2 的垂线，把 p_1 折到与 l_1 重合。

兰恩进而证明这7条规则已经构成完备系统，也就是说任何折纸作图都能反复利用这7条规则逐步作出。然而羽鸟公士郎继续深入分析发现其实一切折纸作图都可简化到一条规则：已知两点 A 与 B 以及两直线 L 与 M，可以作出

折纹把 A 折到 L 上，同时把 B 折到 M 上。当已知点落于直线段上时，则以上操作要求新折纹或垂直于直线段或通过已知点。

目前藤田—羽鸟的折纸作图规则也常被称为公理，如果把坐标系统引入几何作图，再从代数的角度来看，在藤田—羽鸟系统里有能力解三次方程，而直尺与圆规的作图只能解二次方程。因此之故，折纸有可能解某些欧几里得系统里绝无可能解出的作图难题。譬如前述古希腊有名的三大难题之一三等分任意角，可用折纸方法解决，正展现出了折纸有胜于尺规作图之处。

折纸这种简便的自娱手工，近年来触发许多有趣的数学与算法问题，特别值得数学教育者留心，以便适度地引入课堂。一些中小学教师从实际经验中发现学生中有不擅长符号计算的人，却很会使用手的技巧，因此使用折纸辅助几何教学，会使得这类容易被认为数学资质较差的学生得到肯定，从而不至于丧失学习数学的信心。

榫卯咬合
益智玩具

(8)

2008年，作者有机会去浙江兰溪诸葛八卦村游览，那是一个电视旅游节目介绍过的特色古村。当地经历过六百多年的沧桑，现住三千多名诸葛亮的后裔。全村的核心是形

图1：孔明锁

图2：球形孔明锁

似太极图的池塘，由此分出八条主要道路，各指向村外一座山丘。村内巷道纵横如迷宫，很多散布其中的小商店都贩卖"孔明锁"。孔明锁是一类益智玩具（以下简称智玩），最常见的样貌如图1所示，少数店家还卖如图2所示的球形孔明锁。

　　一般的孔明锁是先由五根木杆相互以榫卯咬合，最后把第六根无凹槽的木杆插入，整体便稳定锁紧。中国木工使用榫卯结构历史悠久，浙江余姚河姆渡早期遗址跨越年代约为公元前5 000年至前4 000年间，发掘出土的建筑构件中有大量榫卯构件，包括：柱头榫、梁头榫、燕尾榫、双凸榫等。中国古代的木建筑也普遍使用榫卯构件，现存山西应县的木塔与浑源县的悬空寺，都是完全使用榫卯结构的杰作。除了建筑，到了明清时代，精致美观的家具也常以榫卯固定。王世襄在《明式家具研究》中说："凭借榫卯就可以造到上下左右、粗细斜直，连结（联结）合理，面面俱到，工艺精确，扣合严密，间不容发，常使人喜欢赞叹，有天衣无缝之妙。我国古代工匠在榫卯结构上的造诣确实不凡。"榫卯对应于凸凹，形象上也符合中国的阴阳耦合思想。因此说孔明锁的想法来自中国木工的经验，应该是合理的推断。不过士人不屑这种雕虫小技，而匠人又只是口口相传，所以无法从文献里确定孔明锁的起源。孔明锁的另一名称为鲁班锁，应该是种附会的说法，因为鲁班是春秋时期的著名巧匠。

山东滕州据说是鲁班故里,所以还有民谣描述鲁班锁:"不用钉连,不用胶合;我中有你,你中有我。阴阳拼插,卯榫成锁;严丝合缝,岂奈我何。"[1]

目前所见最早记载孔明锁的文献是1889年唐芸洲的《鹅幻汇编》。唐芸洲虽然生平不可考,但推断他是特立独行之士。他还写了《七剑十三侠》,那是晚清侠义小说的代表作品,风格甚至影响到后来梁羽生、金庸的新武侠小说。《鹅幻汇编》自序中说:"仆素好杂技,于戏法犹属倾心。幼年时即物色秘诀,遍叩名师。"就是说他从小喜欢各种戏法,到处寻访老师学习。他在例言里又说:"日积月累,尽得其传,驳之又驳,精益求精,荏苒久之,共成三百余套,戏术一道,固尽之矣。"学习得够久之后,去芜存菁留下值得记录的三百多套。唐芸洲以一介书生不耻向江湖卖艺者请教学习,又能剖析解法附加图解,保存民族艺术的功劳可说不小。其实魔术除了要手法精熟之外,道具的设计常需应用科学原理,今日看来可作为科学教育的帮手。唐芸洲后来还出版过《鹅幻续编》与《鹅幻余编》,可惜"鹅幻"系列三部著作现在都比较少见了。

《鹅幻汇编》书名中的"鹅幻"是什么意思呢?这个典故出自南朝梁文人吴均(469—520)所写的志怪小说《续齐谐记》,其中有一段关于阳羡许彦的故事,开头是这么说的:

1　魏锋,孙德栋.一把鲁班锁藏尽天机巧.走向世界,2018(40):78-81.

"阳羡许彦,于绥安山行,遇一书生,年十七八,卧路侧,云脚痛,求寄鹅笼中。彦以为戏言。书生便入笼,笼亦不更广,书生亦不更小,宛然与双鹅并坐,鹅亦不惊。彦负笼而去,都不觉重。"

十七八岁的书生居然能坐进装鹅的笼子中,许彦担起笼子也不觉重。唐芸洲取"鹅幻"代表变戏法的意思。

孔明锁在《鹅幻汇编》中的名称是"六子联芳",如图3[1]所示木杆分别命名为:礼、乐、射、御、书、数。唐芸洲说:"……乃益智之具,若七巧板、九连环然也。其源出于戏术家,今则市肆出售且作孩稚戏具矣。"不过这个"六子联芳"的杆件与一般市售孔明锁并不全同,只是组合起来外貌一致。球形孔明锁则出现在《鹅幻续编》中,名为"桂花球子"。唐芸洲说:"此则六块皆笋,辊之吻合。面面相同,混然无迹,欲拆而无从下手。虽公输复生,亦当敛手而谢。"公输就是指鲁班,可见"桂花球子"的难度比"六子联芳"更高。

"六子联芳"(后来也称六子联方)在西方文献里出现的时间,比《鹅幻汇编》早了近200年。1698年法王路易十四御用镂刻版画家勒克莱克(Sébastien Leclerc, 1637—1714),在图4中描绘科学与艺术殿堂的作品里,于右边下缘画入了"六子联芳"的图像。"六子联芳"在西方的名称之一是"中国十字架",想来应该是从中国流传过去的,只是

1 李砚祖. 榫卯的艺术——秦筱春(凸凹先生)的"连方"雕塑. 文艺研究, 2002(2):146-149, 169-172.

文献里已难查到明确证据而已。

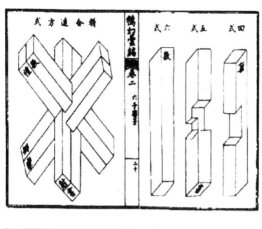

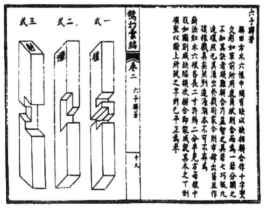

图3:《鹅幻汇编》中"六子联芳"

图4：科学与美术学院

从基本的"六子联芳"出发，可以移动榫卯的位置，增加木杆个数，可以变化结果样式，使得榫卯咬合玩具的种类变得数量惊人。1928年怀亚特（Edwin Wyatt）在《木制益智玩具》（*Puzzles in Wood*）书中将其统称为"芒刺"（burr），揣测是取形似之意。此类益智玩具在日本称为"组木"，19世纪曾大量外销欧洲。操作组木可以让学生直接体会空间的几何性质，在拆解与还原过程中又需活用逻辑思维，应该有益于数学的学习。

1997年，几何造型艺术家吴宽瀛、高雄女中数学教师林义强、高雄邮局黄清茂三位高雄人，由于童玩节的因缘在宜兰结识，开始了台湾玩组木同好的联谊。2015年，林义强老师联手魔方高手台湾师范大学数学系郭君逸教授，倡议成立称为TPC（Taiwan Puzzle Community）的智玩社团，每年暑期举办交流活动，应邀参加者都会拿出绝活或收藏品与社员分享。2016年林义强老师配合"超越无限·数学印象"巡回展览期间，在台北市立第一女中举办工作坊，他的讲义《多方块积木、组木活动与Burr Tools软件》除了解说几类由多方块堆叠或接合的智玩之外，还介绍了一种名为Burr Tools的免费软件。针对多类由规则几何形体组装成的智玩，这款软件可以有效率地计算出解法，显示出各种组装与拆解的路径，并且用图形接口展现所求得的解。

组木其实又是所谓"机械性益智玩具"（mechanical puzzle）中的一类。有两位收藏机械性益智玩具的名家值得推介，一位是美国人斯洛康（Jerry Slocum），退休前是休斯飞机公司的工程师。他的收藏品超过四万件，还有四千余册相关书籍。2006年他把大部分收藏品捐给印第安纳大学，图书馆因而设立一间特藏室展示。另外一位是英国人戴尔盖提（James Dalgety），他曾经是制造与销售机械性益智玩具的商人。因为缺乏合适场地，他的庞大收藏无法公开展示，但是他建立的虚拟益智玩具博物馆，充满了有趣的信息与图片。机械性益智玩具的种类如此繁多，必须恰当分类才有利于辨识与查询。斯泰格曼（Rob Stegmann）的"罗布的益智玩具专页"是一个有名的虚拟博物馆，他为斯洛康、戴尔盖提以及其他分类系统编制了对照专页，方便爱好者使用。在日本则有石野惠一郎（Ishino Keiichiro）的网站，他自己编写程序破解出网站里几乎所有的益智玩具。他对网站访客的忠告是："解答如毒品，奉劝回避。"

其实榫卯的阴阳凸凹结构，也可以成为艺术思考的源头。中国有位不曾接受艺术科班训练出身的秦筱春，把"六子联芳"的结构复杂化到十余子的情形，并且发展出这种民族传统构形的艺术性。另外，雕塑家傅中望把榫卯结构更自由地运用在雕塑与装置艺术上，他曾说："我创作榫卯结构雕塑，并非一时的灵感或偶然间的发现，而是在一种创造意志的驱动下，对传统文化形态中人们不太注意的东西来了一番剖析，使这种深层结构现象，通过艺术的形式展现出来。借此沟通传统文化与现代艺术间的联系，寻求具有东方审美特质和构造法则的雕塑语言。"[1] 榫卯咬合是构件间连锁的一种形态，如果放宽构件几何形式的限制，发挥艺术想象的空间便更为开阔。西班牙雕塑家贝罗卡（Miguel Ortiz Berrocal, 1933—2006）的作品就能够加以拆解与拼装，大型的可在庭园里展示，小型的可作为首饰。贝罗卡博物馆首页中，有一张人体躯干及其拆解出的构件的照片。贝罗卡能把益智玩具转化为前卫的现代艺术品，真是令人惊艳。

1　傅中望.榫卯的启示——《榫卯结构系列》创作思迹.
美术, 1990(1): 16-17, 38.

数学模型将
风华再现

　　说来已经是超过半世纪的事了，为了让新生体会大学数学与高中数学的巨大差异，台湾大学数学系特别开了一门课叫"数学导论"，选讲数学各部分简练又精彩的题材，帮助懵懂的我们打开眼界。记得老师推荐的参考书之一，是希尔伯特（David Hilbert, 1862—1943）与康福森（Stephan Cohn-Vossen, 1902—1936）合著的《直观几何》（*Geometry and the Imagination*，德文原版 *Anschauliche Geometrie* 在1932年出版，高等教育出版社出版了中译本）。我们当时只能购买盗版书，纸张与印刷质量都相当不够水平，但是插图依然令人印象深刻，尤其是一些曲面的立体模型，几近乎完美的雕塑。我当时好奇是谁制作了如此美丽的数学模型！

　　"数学模型"（mathematical model）这个名词的内涵其实经历了曲折演化。百度百科的"数学模型"词条解释说:"数学模型是针对参照某种事物系统的特征或数量依存关系,采用数学语言,概括地或近似地表述出的一种数学结构,这种数学结构是借助于数学符号刻画出来的某种系统的纯关系结构。""模型"在这种解释下,已经不是实体对象,而是抽象的数学体系。从名词的用法便能察觉,实体数学模型在20世纪曾经失宠。

19世纪上半叶,受到射影几何学复兴的鼓舞,代数几何学与微分几何学都有长足的进步,数学家寻求各种新型曲面的兴趣变得十分浓厚。起初他们通过坐标方法用方程来描述这些几何形体,但是他们逐渐意识到如果能具体制造出这些曲面,就更能帮助人们从各个方面观察与揣摩其性质。1873年柏林普鲁士皇家科学院的月报报道了数学家库默尔(Ernst Kummer, 1810—1893)率先手制了一个罗马曲面(Roman surface)的石膏模型,自此便掀起一股制造数学模型的风气,而著名数学家克莱因(Felix Klein, 1849—1925)便是重要的推手。

1875年,克莱因至慕尼黑高等技术学院任教,在那里遇到同样爱好数学模型的冯·布里尔(Alexander von Brill, 1842—1935),两人建立了设计、制造以及在教学上使用数学模型的实验室。他们带出来不少优秀的学生,以分析及制造数学模型作为学位论文。冯·布里尔企图把数学模型的制造商业化，就请承继家族印刷事业的兄长从事生产，到1890年已经可以贩卖16个系列的产品。

19世纪制作数学模型的方式主要有两种：穿线法与石膏法。穿线法是先用金属制作曲面的框架，沿着框架钻出等距离的许多小孔，然后将丝线或金属线从小孔中穿过绷紧，当线条足够稠密时便显现出曲面的形状。例如下图是单叶双曲面的穿线模型：

这种模型特别适合表现所谓的直纹曲面(ruled surface)，也就是由一条直线通过连续运动所构成的曲面，像柱面、锥面、默比乌斯环带等都属于此类曲面。石膏法就如制作塑像，成品的表面便是想表现的曲面。例如下图里著名的克莱布什(Alfred Clebsch, 1833—1872)曲面，它由4维复射影空间里的3次多项式所定义，这类曲面恰好包含27条直线。克莱布什在1871年找到了这个特殊曲面，它的27条直线都可用实数来表示。

数学模型的制作并不简单，因为有些曲面会向无穷远伸展，如何取舍该表现的部分就有讲究，最重要的是必须让成品精确符合数学方程，自然会推高制作成本与售价。1899年，冯·布里尔的事业转卖给莱比锡的数学家兼商人席林（Martin Schilling），1911年的产品目录已经列出了40个系列、近400种模型，有些要卖到约合今日300多美元一件。根据希尔伯特和康福森在《直观几何》的序言里所说，插图里的模型是属于哥廷根大学的收藏品。今日我们能从该校的"数学模型与仪器"网站看到大量的图片，很多都是席林的产品。不幸的是经过第一次世界大战的蹂躏，制造数学模型的动力逐渐下降，席林的事业勉强苟延到1932年。此时国际上数学主流渐趋高度抽象，例如，引领风骚的法国布尔巴基（Bourbaki）学派，在数学书中完全摒弃使用图示，自然也就把模型弃如敝屣。

英国牛津大学数学所也收藏了不少百岁以上的数学模型，他们请暑期工读生来整理收藏品，并且在教授指导下建立专属网站。该网站提供基本的背景知识，并且在展示静态照片之外，使用影片让人从各个方向观赏模型，其中包括克莱布什曲面。牛津网站中有一页罗列了世界上收藏数学模型的机构，以及他们的网络链接，十分方便读者浏览。

在牛津大学的列表中，亚洲只有东京大学一处，收藏了20世纪10年代中川铨吉（Nakagawa Senkichi, 1876—1942）引入席林制造的数学模型。20世纪90年代由一批留学生合力整修长时间疏于照料的模型，终于又恢复旧观，于1997年120周年校庆时公开展览。在国际上知名度极高的日本摄影家杉本博司（Hiroshi Sugimoto, 1948— ）曾经为东京大学的数学模型摄影，并在巴黎卡地亚当代艺术馆与东京森美术馆展览。东京大学还与山田精机公司合作以铝金属制造数学模型，其中也包括克莱布什曲面。

其他值得观看的大学收藏，有美国伊利诺伊大学的奥特戈尔德（Altgeld）数学模型藏品，从网页上可看到170个模型的图片，还有不少当年购入模型时的目录与说明；另外有美国哈佛大学数学系的78个模型图片；乌克兰的卡拉津（Karazin）大学收藏的240个各类数学模型，包括大量席林的产品。这些大学的网站内容相当丰富。

近年来人们对于数学模型的喜爱有回温的现象，一个重要的原因是制作模型的工具取得了革命性的进步。半个世纪以来计算机飞速发展，在芯片上能快速运行计算程序，在荧屏上也能显示精致细腻的几何图形。除了这类硬件的改善，在软件方面人们也发明了各种功能强大的数学工具，使得今日在电脑上展示形形色色的曲面，已经是门槛不算太高的技术。计算机荧屏是以二维影像表现三维曲面，虽然不少软件可以转动图形，让人想象曲面在空间里的真实样貌，但是总不如有具体的模型更令人印象深刻。所幸现在3D打印工具价格逐渐亲民，而且一些免费数学软件像GeoGebra与SURFER等，都可以直接转档进行3D打印。

另外一种推动数学模型风华再现的力量，来自从艺术角度观赏数学模型的美，这方面法国巴黎的庞加莱研究所发挥了推动作用。该研究所在1928年成立时，就从巴黎大学移转过去一批书籍与600多件数学模型，其中多数是席林的产品，但也有少数是出自巴黎高等师范学院几何学教授卡荣（Joseph Caron，1849—1925）之手的木质模型。20世纪30年代，超现实艺术家恩斯特（Max Ernst，1891—1976）对庞加莱研究所的数学模型产生了极大的兴趣，他建议超现实主义的摄影家与画家瑞（Man Ray，1890—1976）把数学模型拍成照片。瑞花了好几天，从数百个模型中拍摄了34幅。其中若干幅在艺术评论家泽尔沃斯（Christian Zervos，1889—1970）讨论数学与抽象艺术的文章中采用过。1938年，法国巴黎的国际超现实主义展览以及美国纽约现代美术馆都曾经做过展示。因为二战的爆发，瑞留下摄影作品离开了巴黎，最终落脚于美国好莱坞。1948年，他重新掌握了数学模型的相片，开始以此为依据画成了23幅命名为《人体方程》的油画，用来揭示这些模型的人文意义。同年这些油画在比弗利山庄的画廊展览时，他甚至拿莎士比亚的戏剧来命名每幅油画，而将整套画作改称为"莎士比亚方程"。美国首都华盛顿以收藏现代美术作品知名的菲利普美术馆（The Phillips Collection），曾在2015年为瑞做了一次回顾展。同一期间，在瑞回顾展隔壁展室，也有杉本博司作品的特展，命名为"概念形式与数学模型"。

另外，雕塑大师摩尔（Henry Moore, 1898—1986）在观赏过伦敦科学博物馆的穿线数学模型后，从1937年开始创作了不少融合穿线在内的雕塑品。2012年，剑桥的牛顿数学科学研究所举行了一次"交会：摩尔与穿线曲面"的展览，反映了数学模型又走进艺术界的视野，我们预期数学模型新一波的风华再现正在成形。

旅行售货员跑出数学艺术

　　如果要问爱尔兰历史上最有名的数学家是谁，答案应该是哈密顿（William Rowan Hamilton，1805—1865）。虽然哈密顿自诩是纯数学家，但他翻新牛顿力学的表述法，甚至影响了后世量子力学的发展。在代数学方面，哈密顿发现的四元数（quaternion）确实是划时代的创见。1843年10月16日，他与夫人沿着都柏林皇家运河行走，在接近布鲁厄姆桥（Brougham Bridge）时突然灵光乍现，脑中迸出了这种特殊的数系。四元数是传统复数系在四维实数空间的推广，元素之间可作类似复数的四则运算，但是最大差异在于乘法不满足交换律，也就是 $a \times b$ 不必然等于 $b \times a$。他认为这是19世纪数学最了不起的成果，应可媲美17世纪牛顿发明的微积分。虽然从20世纪起向量逐渐取代四元数的应用，不过现在计算机图形学、计算机视觉、生物信息学等领域，还是能看到使用四元数的地方。

1856年，哈密顿又发现了另一种只有乘法的代数系统，与四元数相似之处在于乘法虽然满足结合律，却不满足交换律。用现代的术语来说，他其实定义了具有生成元 a, b, c 的群，群里其他的元素都是 a, b, c 的某种乘积。这三个生成元满足的关系是：a 的平方，b 的3次方，c 的5次方都等于单位元素，并且 $c = a \times b$。哈密顿察觉可以用三维空间里正12面体的棱线，代替新代数系统模型，乘法运算就对应到棱线间的转换。因为正12面体有20个顶点，所以把这个系统称为"廿算"（icosian calculus）。

哈密顿从"廿算"出发想出一种正12面体上的游戏。他把20个顶点当作城市，玩法是从一个城市出发，沿着棱线周游各地，目标是经过每个城市一次而且仅有一次，最后回到原出发城市。1857年，哈密顿公开了这款游戏，两年后他把游戏卖给伦敦的玩具商赚了25英镑。哈密顿的游戏商品化后叫"环游世界"，但是因为玩法单调，卖得并不怎么好。"环游世界"除了在立体上玩，也可以把正12面体压扁成平面，棱线就变成平面上的线段，下图实线标出了"周游列国"的一种方式。网络上有一个内容丰富的"益智玩具馆"，可从中看到原始"环游世界"玩具的图像。

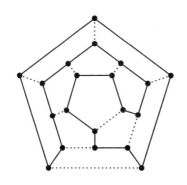

图论（graph theory）是当今数学领域里的活跃分支，所谓"图"是定义在一组顶点上的抽象结构，它规定好哪些顶点之间有关联。最自然表示图的方法是在纸上画出顶点，再把有关联的节点间画上连线。"环游世界"游戏竟然成为图论难题的滥觞：在任何给定的连通图里把顶点想象为城市，连线想象为城际间交通通道（可以是公路、铁路、航空等），从而自然赋予连线某种权重，用以代表距离、通行时间或运输成本等。在这种"赋权图"上的"环游世界"走法可能不止一种，将走过连线的权重总和定义为该路径的权重，那么在诸多"环游世界"的圈（也就是头尾相接的路径）之中，如何挑出一条权重最小的圈，就成为有意义又极困难的图论问题。通过图里每个顶点一次且仅有一次的圈现在称为哈密顿圈。其实除了"环游世界"游戏，哈密顿从来没有讨论过一般图里此类圈的问题，1855年最先研究它的是另一位组合数学开荒者英国传教士柯克曼（Thomas Kirkman, 1806—1895）。

任何一对顶点间都有线联结的图称为完全图，探讨赋权完全图里最小权重圈的问题称为旅行售货员问题（Traveling Salesman Problem，简称TSP）。有趣的是1832年确实有位德国旅行售货老手写了本小册子，教导新手售货员如何周游德国境内，既节省费用又不重复访地。虽然情节符合现代旅行售货员问题的提法，但是作者当然不曾把它想成是数学问题。至于谁最先创造"旅行售货员问题"这个名称，却众说纷纭而无定论了。

假设完全图有 n 个顶点，那么出发的顶点有 n 种选择，下一个到访的顶点有 $n-1$ 种选择，如此类推 n 个顶点的排列数是 $n!$（就是 n 的阶乘 $1 \times 2 \times \cdots \times n$）。然而现在考虑的是圈，也就是说通道上每个顶点都可以当作圈的起点，于是所有可能的圈数便成为 $(n-1)!$。既然总共是有限种可能走法，解决旅行售货员问题的单纯想法，便是计算出每条圈的权重，然后挑出一条权重最低的圈。然而随着城市数目的增大，阶乘的结果会极速膨胀，使得超级计算机也无法在可容忍的时间内找出旅行售货员问题的答案。暴力蛮干既然不能奏效，我们就必须想出化解问题的聪明办法。自20世纪中叶开始，旅行售货员问题便成为优化领域里最受人关注的研究课题。时至今日，已有解决上万顶点问题的精确算法，也有处理上百万顶点的近似算法，其结果与最佳解相差最多0.0474%。旅行售货员问题之所以受人重视，并不只是因为它挑战数学家的智力，而是希望通过对它的深入研究，获取更广泛适用的优化方法。另外它确实在一些领域里有可应用的例证，例如：后勤设计、集成电路布局、DNA定序，甚至望远镜巡天观察的路径规划等。

旅行售货员问题最令人感觉意外的应用是创作艺术品。约20年前美国俄亥俄州欧柏林学院（Oberlin College）的教授博世（Robert Bosch），想说服学生优化不仅妙用无穷，而且奇美无比。于是他想从一般人认为与数学相去甚远的艺术里，寻找可以应用优化的例证。博世废寝忘食、绞尽脑汁后，终于从旅行售货员问题觅得改造图像的灵感。如果以蒙娜丽莎的黑白头像为例，他的方法大致如下：先在计算机协助下于空白画面撒上许多点，点的密度正比于原图的深浅，也就是说颜色深的区域点密集、颜色浅的区域点分散。再来把这些点当作旅行售货员问题里的城市，输入计算机去求近似解，通常跑出来的圈长度与最佳解相去不远。从理论上知道，平面上旅行售货员问题的最佳解，不会在标定的城市之外有其他交叉点，而博世跑出来的近似解圈，一般来说也不会有额外的交叉。于是蒙娜丽莎的头像就转化成一条封闭曲线勾勒出来的轮廓。在博世的TSP(旅行售货员问题)艺术网页里可以看到转化的结果。网页里同时有玛丽莲·梦露的头像，其洒点的方式恰与上述相反，也就是点的密度刚好与原画深浅成反比，所以轮廓图便用黑色衬底。网页里最有趣的是下面这个绳结图，中间黑色部分看来像一个缠绕着的绳结，但其实白色线条才构成一条封闭曲线。

博世一旦把旅行售货员问题转型成创作艺术品的方法，就日渐琢磨出各种变化办法。例如针对同一幅画如何尽量使用较少的点，仍然达到相同的艺术效果。这样做的好处是点数愈少，耗费计算机计算的成本就愈少。另外还可以使用3D打印在空间里表现旅行售货员问题的解，他已经成功制作了他夫人眼睛的立体图像。博世表示TSP艺术确实是教优化的良好切入点，学生从接触这种艺术里兴起学习优化的热忱，不少学生开始了自己的艺术创作，甚至将成果拿到"桥梁研讨会"这个年度数学与艺术的盛会发表。近年来博世的主要合作者，是加拿大滑铁卢大学计算机系的卡普兰（Craig Kaplan），他的TSP艺术网页展示了更多说明及艺术作品。这种新形态的艺术作品，应该会完全出乎哈密顿"环游世界"时的想象吧？！

王浩花砖铺出美妙天地

    我在担任"中研院"数学所所长期间，偶尔会接到院长交下应回复的函件。投书者常宣称解决了某个数学难题，其中最受青睐的莫过于"三等分任意角"问题。其实此一古希腊几何难题早在19世纪便已彻底解决，而答案是"不可解"，更精确地讲，是在只准使用无刻度直尺及圆规的欧几里得作图法限制下，不可能把任意给定的角予以三等分。值得注意的是这个结论并没有排除三等分某些特别角的可能，例如在欧几里得的限制下可以三等分直角。一般人不容易理解的是问题之有解或无解，必须在恰当而明确的范围里讨论。一些素人数学爱好者无法把"不可解"当作答案，坚持从事在专业数学家眼中徒劳无功的事。

    古希腊人探讨的是图形的纯粹几何性质，所以直尺的功用在联结对象而不在度量长度，因此不允许赋予刻度。这种问题本身与解决问题的工具之间，或明示或不言而喻的联动关系，在其他有名的难题里也存在。如今是计算机已成为主导工具的时代，问题的可解与不可解，就经常与计算机的能力极限相关。

世界上计算机品牌繁多，又如何分析它们的能力极限呢？英国天才数学家图灵（Alan Turing, 1912—1954）在1936年提出了一种机器计算的理论，这种人称图灵机（Turing machine）的模式，首次打破硬件、软件、数据之间的界线。针对问题是否可解，图灵机给出了最终的极限。到目前为止，一切认为是机械性计算可解的问题，经过适当编码后都可由图灵机解决。因此，连图灵机都无法解决的问题，就归属于不可解的问题了。如此能力惊人的图灵机模式，却也有它无论如何也办不到的事。图灵机在输入数据之后启动计算，有可能会算个不停，永远无法给出确切的结果。图灵率先证明事关紧要的停机问题（halting problem）其实是不可解的，也就是说不存在图灵机 M，使得针对任意图灵机 N 以及输入数据 d 而言，M 能在有限时间内判定 N 在 d 上的计算是否会停止。停机问题的不可解性成为一个核心原型，后续各类证明不可解性经常是把问题转化到停机问题。

除了纯粹数学会碰到不可解的问题，现在连物理的量子理论也遭遇到不可解的状况。2015年库毕特、裴瑞斯-佳西亚、沃尔夫三位数学物理学家经由停机问题，证明了谱隙（spectral gap）问题的不可解性。只不过他们的转化过程里须用到一项重要的中介，就是所谓的王浩花砖（Wang tiles）模式。

王浩花砖也称为王浩骨牌（Wang domino），是旅美华人王浩（Hao Wang, 1921—1995）于1960年发明的一种游戏，这种游戏的基本组件是一组各边线着色的正方形砖片。就像下图左侧的正方形，各边以不同颜色着色。同样的花砖也可用其他形式来代表，例如下图中间用数字取代颜色，当颜色数量大时，使用数字会比较方便。下图右侧是另外一种表示法，用对角线把正方形划分为四个三角形，再把每个三角形涂上颜色。当众多花砖拼接起来时，这种表示法会产生美丽的图案。

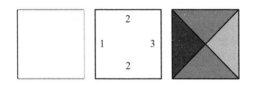

一组王浩花砖的样式有限，但是每种样式的砖片却可无限量供应。王浩的游戏是要把各色花砖以边与边密贴的方式拼接起来，要求相邻的边线必须同色，而且花砖不可以旋转或取其对称镜像。例如下图上层的三块花砖，从左到右依序可以合规连成一条。不仅如此，它们还能拼接出下图下层的3×3九宫格。请注意，九宫格的顶边与底边的颜色相同，左边与右边的颜色也相同。因此之故，我们可以复制这块九宫格，上下左右不断拼接出去，最终得以铺满整个平面。这种从一个区域反复接续到铺满平面的方式，属于经过平行移动仍然能够保持原样的平铺方式，统称为周期平铺（periodic tiling）。如果一组王浩花砖能铺满平面，却不属于周期平铺，就叫作无周期平铺（non-periodic tiling）。所谓

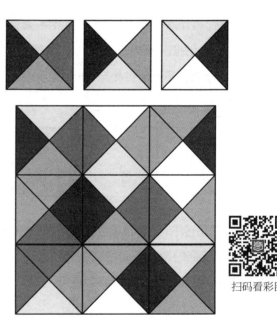

扫码看彩图

"铺砖问题"（tiling problem）就是任给一组王浩花砖，判定是否能铺满整个平面的问题。

最令人感觉惊讶的是，铺砖游戏居然会跟图灵机的运作密切相关。定义一部图灵机的要件包括以下数项：（1）一条无穷长且划分成方格的纸带；（2）一个读写器；（3）一组有限个可写入方格的符号，其中有一个特殊符号表示"空格"；（4）一组有限个机器状态符号，其中有一个特殊符号表示"开始"。图灵机的运作是根据给定的程序表，执行以下的任务：在每一时刻当下，读写器的位置、纸带上的符号与机器的状态形成所谓的构型（configuration），构型共同决定了下一时刻读写器该静止或向左或向右移动一格，要不要改写符号，以及进入哪个状态。王浩花砖的颜色其实可以用来代表图灵机的纸带符号与状态符号，而拼接起来一长条王浩花砖可用来对应到图灵机的构型。因此每当给定一个图灵机，因为纸带符号与机器状态均有限，便有办法恰当地设计对应的王浩花砖。最重要的性质是这部图灵机在有限运算步骤后停机，当且仅当那组对应的王浩花砖无法铺满整个平面。因此"铺砖问题"是否有解就转化到"停机问题"是否有解，既然图灵已经证明了"停机问题"不可解，那么"铺砖问题"也就不可解了（就是说没有计算机的通解）。

王浩最初研究铺砖问题时,以为只要一组花砖有可能铺满平面,那么所有的铺法就都是周期平铺。1964年他的博士生伯格(Robert Berger, 1938—)出人意料地找到一组只能拼贴出无周期平铺的花砖。虽然他在博士论文中说此组花砖仅包含104种样式,但是在正式发表的完整论文中,公布的还是最早发现的20 426种样式。一旦有了伯格的突破,如何降低花砖样式数以及使用颜色数,便引起了数学家的极大兴趣。

1967年在加州大学任教的罗宾逊(R. Robinson, 1911—1995)得到了52片只能拼无周期平铺的王浩花砖。再经过若干人改进之后,1978年一位隐居的业余数学爱好者安曼(Robert Ammann, 1946—1994)找到了16片只能拼无周期平铺的王浩花砖。此一纪录保持到1996年,芬兰的数学与计算机科学家卡利(Jarkko J. Kari)把花砖数降到14,颜色数降到6。卡利依循与前人相当不同的思路,借由自动机(automata)理论制作王浩花砖。他的方法在证明花砖只能做无周期平铺时,也比以前简单许多。捷克的计算机科学家祖立克(Karel Culik Ⅱ)很快改良了卡利的方法,得到只能拼无周期平铺的13片王浩花砖,而使用的颜色数降到5。这种向下探索的工作,在2015年由金戴尔(Emmanuel Jeandel)与饶(Michael Rao)推进到了极致,他们利用计算机的彻底搜寻，找到下图中11片只有无周期平铺的王浩花砖，使用的颜色数是4。

他们同时证明了任何一组王浩花砖，如果样式数少于11，或者颜色数少于4，就不可能制造出无周期平铺。其实台湾交通大学已有人在2010年与2014年先后证明过2种颜色与3种颜色不可能产生无周期平铺的王浩花砖。

有关铺砖问题的研究固然是王浩的重要学术成就，而我个人认为他从数学最终走入哲学，是至今唯一在西方哲学上真正登堂入室有所贡献的华人学者。据王浩自己的回忆，他在计算机公司担任顾问时，发觉一般工程师学习数理逻辑会有困难，因而想出一套骨牌游戏，帮助他们把逻辑命题的推演转化为游戏的步骤。没想到以他为名的铺砖游戏，衍生出另外一片天地。无周期平铺的例子20年后甚至启发了准晶体（quasicrystal）的研究，以色列的谢赫特曼（Dan Shechtman, 1941—　）正是因为在快速冷却的铝锰合金中发现了准晶体，而获得了2011年诺贝尔化学奖。

张拉整体
结构艺术
的开端

　　文艺复兴时期的艺术大师达·芬奇，曾经替帕西欧里的书《神圣比例》画过规则多面体的插图。他的一项巧思是把多面体镂空，只使用边线的框架撑出立体。我们可以想象每一段边线是一根小木杆，每个顶点正好是各边的小木杆黏合之处。通过这样的手法，就可以具体地制作出三维空间里的立体框架。如果把某些小木杆换成有弹性的细索，那么边与边的相互支撑便有可能被破坏。但是如果细索的位置安排得当，同时依靠细索的拉力与小木杆的平衡，也许仍然能撑起一个稳定的框架。不仅达·芬奇没有继续往这个方面探讨，20世纪40年代之前这种结构也不曾作为几何学研究的对象。其实古人在架设帐篷，或者竖立旗杆时，也是会利用木杆与绳索的力量平衡，只是没有想到类似下图中的简单结构。

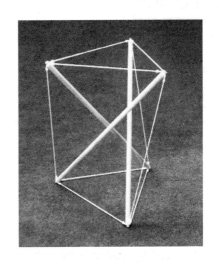

　　最先把这种想法用到艺术创作的是斯内尔森(Kenneth Snelson, 1927—2016)，原来只是带着玩耍的心态，想寻找会动的雕塑，结果就碰上一项意外发现。1948年，斯内尔森是美国俄勒冈大学二年级学生，开始有机会接触德国包豪斯(Bauhaus)流派的风格。包豪斯是1919年在德国威玛市设立的艺术与建筑学校，也是世界上第一所完全为发展现代设计教育所建立的学校。此一流派摒弃建筑的浮华装饰，主张造型与实用功能合而为一。他们的思想在建筑之外，对艺术、工业设计、平面设计、室内设计、现代戏剧、现代美术的发展都产生了显著的影响。

　　斯内尔森利用暑假跑去北卡罗来纳州的黑山学院

（Black Mountain College），因为那里有从包豪斯来的艺术家埃布尔斯（Josef Albers，1888—1976）。黑山学院是一个进步的文理学院，当地的居民看学校里的师生都像是怪胎。每年夏季学校会从纽约邀请一些艺术高手来开暑期班，斯内尔森去的那个夏天大约有50位学生与10多位教师参加暑期班。

开学后两周，建筑系唯一的教师居然临时退场，于是学校邀请富勒（R. Buckminster Fuller，1895—1983）来代课。这位富勒就是为1967年加拿大世界博览会设计测地线穹顶（geodesic dome）建筑而负盛名的富勒，这个穹顶启发了命名为富勒烯的碳60的发现，发现者因而获颁1996年诺贝尔化学奖。不过富勒在1948年还没有那么大的名气，因此他来到黑山学院的暑期班时，并未受到特别的欢迎。他引起学生们注意之处，是他从纽约开了一辆塞满建筑模型的流线型拖车，抵达当晚即刻要做一场公开报告。埃布尔斯指定斯内尔森担任富勒的助手，帮忙搬运演讲时所需展示的模型。斯内尔森走去那辆拖车瞄了一眼，就知道这个活儿不好干。车里装的是各式各样的纸制多面体、沿着大圆拼贴起的球体以及几个金属结构物件。斯内尔森在富勒的指挥下，从车中搬出一个又一个奇怪的几何模型。

富勒短小精干留着平头，鼻梁上架有厚厚的眼镜片。

当学生就座准备洗耳恭听新来老师的报告时，富勒却闭目静思了好长一阵，然后有点结结巴巴地娓娓道来自己的一连串成果。他是一位不受陈规限制的理想家，要为人类的更好未来而奋斗。他的建筑设计核心观念就是效率与节能。他很会发明各种新词汇，用以描述与众不同的新奇构想。斯内尔森从拖车里搬出的各种模型，正好用来说明富勒所谓的"能量几何"，要用正三角形与正四面体取代正立方体与球体，号称会给数学带来一次革命，即使物理学也会受到影响。富勒给学习艺术的学生的忠告是，停止浪费才能去搞一些奇奇怪怪的艺术家玩意，应该把天赋用在设计一个新的世界，把人类从自我毁灭中拯救出来。除了一位数学教授认为富勒在胡言乱语之外，学院里的人都对富勒塑造的未来景象着迷。富勒是一位教主型的人物，既有个人魅力，又能宣传理念。这批不久前才参加过二战的小伙子们，充满了乐观蓬勃的朝气，热烈奔往富勒指示的方向，要通过巧妙的设计，将最新的科技用来解决人类遭遇的问题。令斯内尔森最感振奋的是富勒提出的几何与结构方面的想法，至于解救人类方面他倒没什么信心，因为有同学说："听了富勒的演讲之后，我感觉应该走出去拯救世界。但是等到我真的走到外面时，才体会到不知道该怎么办。"

暑期过后，斯内尔森丧失重返俄勒冈大学的兴趣，他回到家中琢磨下一步该干什么。埃布尔斯曾经告诉斯内尔森他在雕塑方面比较有才华，所以他在接下去的四个月，窝在自家的地下室里东搞搞西弄弄，利用细绳、铁丝、黏土、从罐头盒剪下的锡片、马粪纸板，制作一些会动的小雕塑品。他尝试结合富勒的"能量几何"与埃布尔斯引入的包豪斯建构主义（constructivism）思想，制作出几个比较满意的成品。其中之一像是一堆衣架，一个叠在一个上面。经过一番变形简化后，得到下图中的基本单元，是利用弹性细绳绷紧的两个X形木十字架。

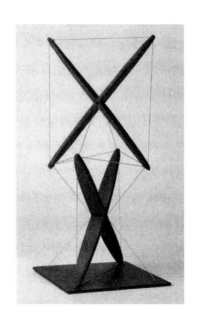

这个双X造型虽然不会移动，但是悬空的部分只用绳索绷紧，是斯内尔森从未见过的雕塑形态，让他有一种非常奇妙的感觉。他写信给在芝加哥的富勒，并且附上了新造型的照片。富勒建议他在1949年暑期再回到黑山学院，届时会有一批芝加哥设计学校的学生加入学习。至于那个看似特别的作品，富勒仅仅回复："它很出色。"等到6月在黑山学院再次相见时，斯内尔森拿双X造型给富勒看，富勒好像是第一次知道有这种东西的存在，先前给他的照片似乎不曾留下任何印象。富勒在手中把玩了很久，同时喃喃自语地说这是他长久以来理念的实现。富勒把双X造型要回去细细研究，第二天他对斯内尔森说这个造型不完全理想，斯内尔森不敢违背老师的意思，就去买了金属杆子改造了结合张力与阻力的透空立体。而那个原始木制的双X造型在接近暑期班期末时，居然被人从富勒的房间里偷走了。

1951年，斯内尔森在巴黎学习艺术，8月在马路边杂志摊看到一本杂志封面，正好是富勒的穹顶建筑。他翻开内页果然是介绍富勒建筑思想的文章，但是所附的图片却是斯内尔森在黑山暑期班之后继续发展的作品。报道文章既没有写出原创者姓名，也没有直说是出自富勒之手。斯内尔森倒吸一口凉气。类似这本杂志的宣扬方法，只会让人把富勒联想成这种日后称为"张拉整体"（tensegrity）的发明人。

其实东西不是富勒最早做出来的，名字倒是他提议的，结合了张力（tension）与整体性（integrity）的意义。

黑山暑期班之后的10年，斯内尔森转移精力去纽约拍摄纪录片。偶尔在纽约碰到富勒时，他只敢轻微地抱怨富勒一直没有在书面上承认他是张拉整体的首创者。1959年9月，斯内尔森接到富勒当时的帮手狄克逊（John Dixon）的电话，告诉他现代美术馆正在准备11月举办富勒的个人展，希望他能抽空去看看布展的过程。斯内尔森应约前往参观，在中庭标示着"富勒的三种结构物"里，居然眼见自己30英尺[1]高的作品被冠上"张拉整体桅杆"的名牌。斯内尔森压抑多年对于富勒抹杀自己贡献的不满，当下几乎就要发作。但是他知道富勒是一个难对付的家伙，不会在任何人的挑战之下退却。到三人同进午餐时，富勒还在吹嘘"张拉整体桅杆"是多么美妙。斯内尔森实在无法继续忍耐下去，就直接向富勒表明他的名字应该标示出来。当富勒推托给策展人会注意处理时，狄克逊相当机巧地建议去跟策展人核对一下。在狄克逊纯熟的斡旋手段下，现代美术馆展览手册中最终出现了下列词句："1949年，斯内尔森首先发现制作张拉整体桅杆的原理……本次展出的桅杆使用了相同的原理，只是零件的布局有所不同。"另外在展厅中，也增加了一个斯内尔森作品的橱窗，里面包括了那个双X造型。自从在黑

1 1英尺≈30.48厘米。

山暑期班富勒要求改变双X造型之后，斯内尔森这个原创造型便再也没人发现过。也许是命运使然，在沉寂了10年之后，双X造型总算回归它的创造者。1960年，斯内尔森为X基组以及它向四方延伸的可能性申请了专利，名字是"连续张力结合不连续压缩力的结构"。自此之后，斯内尔森恢复了对这类结构的兴趣，终身投入各种运用同样原理的艺术品创作工作中。有些非常大型的室外装置艺术品，在世界上很多城市或博物馆展示。因为远看时，绷紧金属管的弹性绳索近乎不见，使得那些金属管好似互相分离却又飘浮在空中，所以斯内尔森喜欢把自己的作品称为"飘浮压缩体"（floating compression）。

然而富勒发明的怪名字"张拉整体"还是取得了最后胜利，只不过它的精确定义仍待厘清。富勒在他的名著《协同学》（Synergetics）中所下的定义是："它描述一种结构关系的原理，保证结构稳定性的是系统的有限封闭以及广泛连续的张力行为，而不是不连续且全然局部性的压缩力。"从这种模糊的定义中，我们好似看得见两种力的相互作用、相互抵制，产生出一种均衡的状态。因此在进一步的推广研究中，就可能从不同的方向加以细致化。例如康奈尔大学的康奈利（Robert Connelly，1942—　）就是当今研究张拉整体的著名学者，他在2013年1月《美国数学会志》上，发表过一篇介绍文章，讨论了几种稳定的概念。在他与合作者的论文中，使用的数学工具包括群论与表示论，更在计算机的辅助下，列出了完整的张拉整体的目录，以及它们的各种稳定性与对称性，其中有些结构甚至是艺术家还没来得及发现的，再一次显示了数学与艺术可以找到共生共荣的天地。

均质不倒翁
冈布茨

　　2010年上海世界博览会匈牙利展馆的主视觉焦点是一个2.5米的不锈钢冈布茨(Gömböc)，另外还摆放了10个小型的冈布茨，让参观的大人或小孩都有机会动手把玩这个特殊的几何立体。在世博会结束后，巨型的冈布茨捐赠给上海世博会博物馆，小型的冈布茨则捐赠给匈牙利的一些学校。冈布茨吸引人的程度远远超过匈牙利原来估计的120万参观人数，最终高达600万民众参观了匈牙利馆。2016年舟山市定海盐仓把上海世博会的匈牙利馆移过去，冈布茨也被长期借出展览，成为镇馆之宝。冈布茨是一种极为特殊的立体，它仅有一个稳定的平衡点，不管怎么推来倒去，最后都自动滚回原来位置。这有点像小朋友玩的不倒翁，但是冈布茨是一块密度均匀的物体，而不倒翁通常是把底部加了重量，所以才能在推倒后摇回原来立姿。匈牙利政府选择冈布茨作为国家展览馆的主题，是因为它象征了对和谐与平衡的终极追求，也代表匈牙利总是能从挫折中重新站立起来。冈布茨的发现确实是一件相当出乎意料的事情，事实上在2006年之前，人类是不知道世界上有没有冈布茨之类的东西的。这一切要从它的主要发现者多莫科什（Gabor Domokos, 1961—　）说起。

多莫科什原本是学工程的，但是他对数学特别钟爱。20世纪80年代末期他得到富布莱特奖学金的资助，去美国康奈尔大学机械工程系访问。该系的鲁伊纳（Andy Ruina）是一位重视数学的教授，与多莫科什相当投缘。在他们日常的交谈中，鲁伊纳不时提到一位朋友帕帕多普洛斯（Jim Papadopoulos）。这位朋友不在学术界工作，但私下却很喜欢探讨数学问题。他有一个相当有趣的猜想，可惜没有时间专心钻研，很欢迎多莫科什在访问期间来研究。这个猜想的内容如下：

在一块够厚的夹板上画一条封闭的凸曲线，也就是说曲线没有向内凹的段落。然后用线锯沿着曲线切出那块凸形的夹板，在平面上把凸形竖立起来。沿着凸形的边缘，有的地方能使它站稳，有的地方就不行。例如正方形可以稳定地站在四个边上，但是如果想站在某个顶点处，就必须使得通过那个顶点的对角线与平面垂直，而且一丝丝轻微的动荡便会使正方形摔倒。因此取得平衡的地方可分成两类，一类是稳定平衡，另一类是不稳定平衡。又例如当椭圆形的长轴水平时，它就达到稳定平衡；当短轴水平时，它就达到不稳定平衡。圆是一个特例，每个方向都可以达到平衡，并且无所谓稳定或不稳定。帕帕多普洛斯猜测在排除圆之后，不论用什么样的封闭凸曲线切出夹板，都至少能够找到两个位置，会使得夹板达到稳定平衡。例如正方形会有4个，而椭圆有2个，如果是正 n 边形便会有 n 个。

这个猜想里的夹板必须是密度均匀的，否则利用玩具不倒翁的原理，便会产生不符合旨趣的反例。其实整个猜想可以理想化为2维空间封闭凸区域的平衡性质，此处凸区域可以更明确地界定，就是在区域里任取两点，联结它们的直线段必然整个落在该区域里。多莫科什与鲁伊纳、帕帕多普洛斯还有别人经过多日讨论，终于证明了这个猜想，也发表了一篇并没有激起什么波澜的论文。既然2维的问题解决了，他们接着考虑3维的情形。可是不多久，多莫科什找到一个反例，拿一根长的圆柱，把一端斜切掉一块，产生一个椭圆切口，再在另一端相反方向也切出同样大小的切口。下图中这个两头有斜切口的柱状体只能沿最长边平躺着，再无其他可稳定平衡的位置了。既然帕帕多普洛斯的猜想无法推广到3维空间凸体，多莫科什也就不再思考这类问题了，直到他在1995年参加国际工业与应用数学大会遇到了大数学家阿诺尔德（Vladimir Igorevich Arnold，1937—2010）。

那场国际盛会有2000多人与会，很多演讲同时间平行进行，只有阿诺尔德那场大会演讲不跟任何人冲突。阿诺尔德在数学世界里功业彪炳，19岁就解决了希尔伯特第13问题，多莫科什怀着景仰的心去聆听大师现身说法。阿诺尔德涉及的题材非常广泛，没有几个人能听懂大部分内容，多莫科什也不例外。然而吸引他的是几乎每个主题到最后都与4这个数字相关，阿诺尔德说这些现象都是19世纪大数学家雅可比（Carl Jacobi，1804—1851）某个定理的特例。多莫科什顿时想起先前证明的帕帕多普洛斯猜想，从他们的证明里可以推出有两个稳定的平衡位置，也会有两个不稳定的平衡位置，平衡位置数刚好也是4。他很想在演讲结束后向阿诺尔德请教，这只是碰巧的呢，还是说这也是雅可比定理的特例？但是当阿诺尔德下了讲台，就有一堆人涌上前去，包围着他问问题。多莫科什忖度自己根本没机会接近大师，正转身准备离开时，突然望见一张海报，原来主办单位正在发售与大师共进午餐的餐券。对于从匈牙利来德国汉堡开会的多莫科什而言，一张餐券是一笔不小的负担。他决定把一天吃两个热狗减到只吃一个，挤出的钱买餐券，以便能当面与大师交流。结果与大师共进午餐几乎成了一场灾难，有10位年轻数学家在餐桌上抢着向大师报告自己的成果并寻求指导，不仅使大师根本无法进餐，而且七嘴八舌搞得大家都难以从事有意义的交流，多莫科什干脆坐在一边安静听其他人喧哗了。到了快要结束的时候，阿诺尔德居然转头来问多莫科什："你的论文有什么结果？"多莫科什已经失去请教的兴致，向大师表示自己纯粹是来听讲的。与大师聚餐之后，研讨会还持续进行，多莫科什也接着听了非常多听不懂的报告，并且每天就只能靠一个热狗果腹。

几天后大会终于圆满闭幕，多莫科什拖着行李箱离开会场准备前往机场。当他走过已经关门的食堂前，刚巧碰到阿诺尔德跟一位亚裔年轻人说："你论文里的结果我在1980年就发表过，你去查查看，我们不必再讨论了。更何况我跟那位拉着行李的先生有约在先，再见吧！"多莫科什以为阿诺尔德只是利用他摆脱那位年轻人，没想到大师还真记得他曾在聚餐时出现却没有问问题。阿诺尔德说："你既然买了餐券，一定有什么问题要问我。现在赶快问吧，不然我要去赶火车了。"

多莫科什赶紧把自己的思绪整理了一下，向阿诺尔德报告4个平衡位置的结果。阿诺尔德眼睛平视一语不发，过了5分钟后，多莫科什问大师要不要听证明是怎么做的，阿诺尔德有点不耐烦地说当然知道他们会怎么证明，其实他正在想这个结果会不会也是雅可比定理的特例。然后阿诺尔德进入极度专注的沉思中，过了好一阵，连多莫科什都有点担心他快来不及赶火车了，大师总算回过神来。他说多莫科什的结果并未包含在雅可比定理之下，应该会有一个更上层的定理，把它们两个都涵盖住。"如果你能告诉我更多你们结果的3维对应状况，我也许能多给你一些建议。"多莫科什举出两头有斜切口的柱状体仅有一个稳定平衡位置，但是大师说："你的结论重点不在于有2个稳定平衡位置，而应该是4个平衡位置。"多莫科什认真一想，对啊！两端是两个不稳定平衡位置，而沿稳定平衡的长边转$180°$的那个短边，是一种在3维才会出现的特殊平衡位置。这类平衡位置称为马鞍型平衡位置，就是在特定方向轻微摇晃不会让它失去平衡，而在其他方向一碰就失去平衡。所以这个原以为是"反例"的立体也有4个平衡位置。不过阿诺尔德对多莫科什说："反例还是有可能的。当你找到少于4个平衡位置的3维立体时，请写信告诉我。我得赶火车了，祝你好运，年轻人！"

人生有些际遇会在不曾预期的地方产生，然后就从根本上改变了一个人的命运。多莫科什被大师提醒少于4个平衡位置的立体很有可能存在之后，追寻这种立体成了他生活的重心。如果这种立体真的存在的话，难道在大自然里就找不到它的踪迹吗？有一次他跟夫人去希腊罗德岛度假，当他们漫步在海边的卵石滩时，想到一个主意，何不拾取大量卵石来做检验，看看有没有哪块平衡位置少于4个。他的夫人比他还有耐性，居然捡来两千多块石头，遗憾的是没有一块符合他们的期望。

3维凸立体可以按照稳定与不稳定平衡位置的数量分类，如果它有 i 个稳定平衡位置以及 j 个不稳定平衡位置，就归为 (i, j) 类。海滩捡来的卵石几乎都属于 $(2, 2)$ 类，两头有斜切口的柱状体属于 $(1, 2)$ 类。在分类中不需要关心马鞍型平衡位置的数目，因为根据拓扑学里有名的庞加莱—霍普夫（Poincaré—Hopf）定理，划分到 (i, j) 类的凸立体，一定刚好有 $i + j - 2$ 个马鞍型平衡点。多莫科什想阿诺尔德猜想成立其实就是主张："$(1, 1)$ 类是非空集合。"

属于 $(1, 1)$ 类的立体称为单–单静态体（mono-monostatic body），一旦存有单–单静态体，其他类的立体就很好造出来了。这跟一则涉及哥伦布的故事有关系：据说有位西班牙乡绅宴请哥伦布，席间哥伦布请那位先生把蛋立起来，那位仁兄怎么也无法达成任务。最后哥伦布把蛋拿过来，在一头轻轻敲平一点，便把蛋立起来了。这个故事表示只要稍稍增加接触面，平衡位置的数目自然增加。这个所谓的"哥伦布算法"却不是可逆的，也就是说不是把接触面缩成点，平衡位置数目就会减少。因此寻找可能属于(1, 1)类的立体绝非从熟知的立体稍加修改便可达标。反过来如果找到一个 (1, 1) 类的立体，那么只要反复做局部细微的修改，就可以得到任何 (i, j) 类的立体。因为是局部的细微修正，所以那些立体都跟原来开始的立体看起来蛮相像的。这也说明在自然界那么难找到单-单静态体的卵石，是因为一点轻微风化打磨它就增多了平衡位置。

　　从直觉上来说，单-单静态体不能太"平坦"像块光盘，否则就会有两个稳定平衡位置。它也不能太"窄瘦"像铅笔，否则就会有两个不稳定平衡位置。多莫科什经过10年的努力研究，并且在跟他的学生瓦尔科尼（Péter Várkonyi）的合作下，给出"平坦"与"窄瘦"精确的数学定义，并且证明(1, 1)类里的凸立体恰好是"平坦"与"窄瘦"的数值都是1的那些凸立体。这表示它们既不太"平坦"也不太"窄瘦"，所以它们看起来有些接近球体。冈布茨的匈牙利原名Gömböc，意思就是一种俚语里的球型香肠。几经数值计算的尝试与调整之后，多莫科什与瓦尔科尼最终在2006年找到了单-单静态体，从而证实了阿诺尔德的猜想是对的。

也许因为多莫科什是学工程出身的，他并不满足于只证明冈布茨的存在性，他想真正造出一个具体的冈布茨。其实满足冈布茨条件的并不是单一的立体，而是有很多类似的立体。他估算了一下，如果制造一个最宽处是 1 m 的平滑冈布茨，则它与球体的差异在 0.01 cm 之内。即使能找到工厂生产这么精准的冈布茨，肉眼看起来也几乎跟球体一样。后来他们放弃了平滑性的要求，终于造出带有棱线的冈布茨，并且与球体明显相异。即便如此，制造精度的要求还是非常高，误差不能超过一根头发的十分之一。

2007 年，多莫科什与瓦尔科尼在莫斯科将编号 001 的冈布茨献给阿诺尔德，作为他 70 华诞寿礼，回报了当年在汉堡离别时大师对一位年轻数学家的提携。

冈布茨模型之一

联结数学、艺术与教育的桥梁

艺术创作经常会反映时代的氛围，在最近70余年计算机文明飞速发展中，愈来愈多艺术家从信息工具以及算法上汲取养分。数学作为计算机核心理论的基础，自然激发了许多新生代艺术家的灵感。年度性的"桥梁研讨会"（Bridges Conference）就成为国际数学艺术家的重要而盛大的交流场所。这个研讨会的全名是"桥梁：数学、艺术、音乐、建筑、教育、文化"（Bridges: Mathematics, Art, Music, Architecture, Education, Culture），可见内容涵盖广泛，它的宗旨就是要在诸多学科间建立沟通桥梁。研讨会上除了发表论文听取专家演讲外，还有动手做的工作坊、艺术作品展览、电影展示、音乐会、数学诗朗读会、戏剧表演等活动。

这股沛然兴起的数学艺术潮流，都由20多年前一个人的梦想萌发。沙尔汗吉（Reza Sarhangi, 1952—2016）出生于伊朗，在成长的历程中，学习过数学、哲学、天文学、建筑、戏剧、音乐与诗，从古代波斯数学家花剌子米（Muhammad ibn Mūsā al-Khwārizmī, 约780—约850）以及海亚姆（Omar Khayyam, 1048—1131）的著作里汲取了重要养分。中世纪波斯文明鼎盛，数学、艺术与工艺糅合发展。年轻的沙尔汗吉尤其醉心于瓦法（Abul Wafa al-Buzjani, 940—998）的经典著作《论工匠所需的几何学》（*On Those Parts of Geometry Needed by Craftsmen*），深知波斯装饰性艺术里深藏着数学奥秘。

1986年，沙尔汗吉移民美国，从堪萨斯州的威奇塔州立大学（Wichita State University）获得应用数学博士学位，之后在卫理公会创办的西南学院任教。20世纪90年代学院方面设置交叉课程，鼓励各科的教师联合开课，让学生有交叉学习的机会。因为沙尔汗吉不仅具备广泛的数学与人文素养，还能弹奏波斯吉他、绘图设计、编导戏剧，所以被指派开设桥接数学与艺术的课程，结果大受学生欢迎，好评不断。

20世纪90年代也正是数学与艺术结盟的探索时期。纽约州立大学阿尔巴尼（Albany）校区的富瑞德曼（Nathaniel A. Friedman, 1938—2020），一位既是雕塑家也是数学家的教授，从1992年到1998年每年举办艺术与数学会议，并且在1998年创立了"艺术、数学与建筑国际学会"（International Society of the Arts, Mathematics, and Architecture），该会会志《超视》（*Hyperseeing*）历年精彩的文章非常值得阅读。

沙尔汗吉从参加1995年与1996年由富瑞德曼主办的艺术与数学会议里，感受到结合数、形、美的波斯传统应该有重生的机会。他看到为解决复杂艺术或建筑问题，数学家与实践者之间，产生了有意思的对话，从而创造出一种"跨领域的美学"。沙尔汗吉受此激励，在1998年创办了年度的"桥梁研讨会"。开始的四届都在西南学院聚会，第五届因为沙尔汗吉转换工作单位，便在巴尔的摩（Baltimore）陶森（Towson）大学举行。自第六届以后"桥梁研讨会"规模日渐扩大，也在美国以外的地方举办，曾去过加拿大、英国、西班牙、葡萄牙、荷兰、匈牙利、芬兰、韩国、瑞典、奥地利。2020年会议原本计划在芬兰举行，但是因为新冠病毒感染疫情肆虐，改为网络展示论文与艺术作品；2021年仍采用网络会议；2022年规划重回芬兰进行实体活动。为了支撑研讨会的顺利延续，沙尔汗吉与友人成立非营利的"桥梁组织"（Bridges Organization）。令人惋惜的是沙尔汗吉在2016年一次心脏手术后，不幸溘然长逝。他生前最后仍致力于建设"联结数学与艺术及科技的桥梁中心"

（A Bridges Center for Mathematical Connections in Art and Science），作为积极推动STEAM教育的平台，"桥梁组织"因此设立了追思沙尔汗吉的网页。

"桥梁研讨会"是一个内容非常多元的交流场合，近几届来自30多个国家与会的人数已有400左右。作为一个研讨会，它有纯学术内容的部分，除了邀请知名的数学艺术家发表演讲外，也会宣读筛选过的投稿论文。历年来发表论文数以及论文集篇幅几近饱和，分别达到130篇左右与700余页。

"桥梁研讨会"同时提供艺术品的展示空间，除了传统的绘画与雕塑，还有计算机输出的图像或3D打印；有折纸也有编织，以及使用Zometool一类组件的组装艺术品。有些大型装置艺术，由专家和各年龄层与会群众在现场合作完成，这类的活动增加了研讨会的普及性与参与感。此外，会议不时提供风格独特的演示。2010年在匈牙利集会时，艺术家维尔谢（Elvira Wersche）使用从世界各地搜集来的有色土，在大厅地面绘出精美对称的几何花样。当作品完成后，请舞者在其上回旋，终致图案凌乱毁坏，用以象征世事流变无常。"桥梁研讨会"一项特别有意义的节目，就是必定会安排一下午的亲子活动。这种老少咸宜的动手操作体验，特别能改善儿童与青少年对于数学的观感，使他们在课堂制式教育之外，见识到数学世界的琳琅满目。历届"桥梁研讨会"极具参考价值的论文、艺术展品图像以及活动记录，都可从网站BridgesMathArt.org下载，这是爱好数学艺术者的一大宝库。

　　台湾的数学艺术同好没有在"桥梁研讨会"缺席，不过有意思的是，最活跃的参与者却不是数学专业人士。台湾大学化学系金必耀教授因为研究分子的立体结构，而醉心于多面体的探究。他开创出数种表现成果的方式，不仅在化学教育上颇具意义，更产生了独到的数学艺术品。2010年之后，金教授团队（包括左家静、庄宸等人）几乎年年有论文发表。他们所创作的数学串珠曾在七届会议获选参展，每次均展出两件作品。下图是2018年展出的金教授团队关于Weare-

金必耀提供

Phelan 结构的作品。

台湾交通大学陈明璋教授自主开发 PowerPoint 的外挂 AMA(Activate Mind and Attention)软件，可以从极简单的初始元素上手，使用数学里的迭代操作，逐步展现出难以置信的复杂美丽图样，甚至达到手绘国画山水的境界。

台湾科技大学施宣光教授的团队，2018 年以 8 640 块自己发明的"巧蜗"积木，构建层层相叠、环环相扣的对称立体。在定义如何把这些积木组装起来方面，甚至使用了数学里的非交换环论。

喜欢以 Shark 自称的青年数学艺术家林家妤，2018 年作品"对称的镜面——吠陀立方(Vedic cube)"通过甄选，得以赴瑞典参加展览。他跨越东西文明的千年脉络，从古印度数学、伊斯兰艺术、新英伦建筑撷取灵感，发展出吠陀立方的数学概念，并且转化成多镜面构成的艺术创作。

从一小群人为特殊爱好设置交流场所开始，"桥梁研讨会"20 年间发展成世界上最重要的联结数学与艺术的组织之一。近年来在欧美各国有关提升公众对于数学知觉的科普场合，"桥梁组织"的支撑角色也经常不缺席。他们的努力最终获得了"国际数学联盟"(International Mathematical Union)的认可，2014 年在韩国首尔举办每四年一度的"国际数学家大会"(International Congress of

Mathematicians）上，邀请"桥梁研讨会"在国立果川科学馆同步举行。当时我趁出席"国际数学家大会"之便，周末去参观展览会场，其间见到许多韩国中小学生在会场活动，也有团队合作建构Zometool的大球体。希望有朝一日"桥梁研讨会"能移师中国，让我们的学生与大众有机会分享数学美丽动人的一面。

焦点透视看
敦煌壁画

克莱因（Morris Kline，1908—1992）生前是纽约大学库朗（Courant）数学研究所的教授，他不仅在应用数学方面卓然有成，1972年他出版的超过千页的《古今数学思想》（*Mathematical Thought from Ancient to Modern Times*）更是数学史上的巨著。他在1953年的著作《西方文化中的数学》（*Mathematics in Western Culture*）里有一段话说："在透视学研究中产生的第一个思想是，人所触到的世界与人所看到的世界，这二者有一定的区别。相应地，应该有两种几何学，一种是触觉（tactile）几何学，一种是视觉（visual）几何学。欧氏几何是触觉几何学，因为它与我们的触觉一致，但与我们的视觉却并非总是一致的。"[1] 所谓视觉几何学与触觉几何学区别的代表性例子就是铁道的两轨，笔直地延伸到远处后，我们会看到两轨相交于一点。但是真

1　Kline. 西方文化中的数学.张祖贵, 译.台北：九章出版社, 1995:147.

的伸手扶着两轨走下去，它们当然不会相交。所以铁道两轨在欧氏几何里对应的概念是平行线，但在我们的视觉上却并不平行。

我们都知道欧几里得《几何原本》对于西方文明的影响深远，不仅几何学经由此书建立起严谨的逻辑基础，欧几里得用来架构知识体系的"公理法"，甚至影响到整个西方科学的思维方式。但是平常很少有人一语道破，欧几里得的几何学有其局限，甚至未曾讲清楚眼睛所见的点、线、面、体之间的关系。

其实欧几里得并非完全忽略视觉世界有另一套几何道理，在他的《光学》（*Optics*，或译为《视学》）一书里，他引进了所谓的"视锥体"（visual cone）解释长度相同的柱子，为什么立在远处的比立在近处的看起来较矮。因为涵盖远处柱子的视锥体的锥角小于近处柱子的视锥体的锥角。他的理论显然并不完善，他也受历史与文化的限制。艺术史家贡布里希（Ernst Gombrich，1909—2001）在《艺术的故事》（*The Story of Art*）书中曾说："尽管希腊人通晓短缩法，希腊化时期的画家精于造成景深的错觉感，但是连他们也不知道物体在离开我们远去时体积看起来缩小是遵循什么数学法则。在此之前哪一个古典艺术家也没能画出那有名的林荫大道，那大道是一直往后退，导向画面深处，最后消失在地平线上。"[1]古希腊艺术家这种"近大远小"的空间处理方式，是所谓的"短缩法"（foreshortening）。但是他们既然还没画出路旁树延伸到远处消失于一点，所以还没有理解单点透视法。

这个让行路树隐没于地平线的消失点（vanishing point），是文艺复兴时期发明的焦点透视法的特点，也是欧洲对于世界艺术的一大贡献。1425年意大利佛罗伦萨的建筑师布鲁内莱斯基（Filippo Brunelleschi, 1377—1446）首次利用焦点透视法制造出逼真的视觉图像，而后在阿尔贝蒂（Leon Battista Alberti, 1404—1472）的手中发展出一套系统的、建立在数学基础上的理论。他的名著《论绘画》（De Pictura）深深地影响了文艺复兴时期的画风，大量的绘画利用焦点透视法展现出精彩的立体感。

在这样的艺术经验刺激下，数学家开始寻求绘画家依循规则背后的数学原理，从而产生了一段曲折又丰富的几何发展历史。欧几里得的"触觉几何"仍然是探讨几何性质的基石，将它的内容与视野进一步拓展，数学家就可以讨论无穷远点与无穷远线，平行线也允许在无穷远处相交。最后开拓出"射影几何"这门学问，并且在19世纪成为当时数学的热点。这也是历史上罕见的艺术对数学产生直接影响的例证。

1　贡布里希.艺术的故事.16版.范景中，译，杨成凯，校.南宁：广西美术出版社，2008:229.

在西方传教士把焦点透视法带来中国之前，在中国的传统绘画里，充其量运用的是古希腊人近大远小的感官知识。南北朝画家宗炳（375—443）在《画山水序》中说："且夫昆仑山之大，瞳子之小，迫目以寸，则其形莫睹；迥以数里，则可围于寸眸。诚由去之稍阔，则其见弥小。今张绡素以远映，则昆、阆之形，可围于方寸之内。竖划三寸，当千仞之高；横墨数尺，体百里之迥。"就是说昆仑山非常大，眼睛瞳孔很小，两者相距很近时，眼睛无法看到整座大山。但是把距离拉得足够远时，眼睛就看得见山的整体。换句话说，距离愈远看得就愈小。如果画家张起作画的白色薄绡，那么方寸之内便能够容纳昆仑山上的神仙居所，直着画三寸会相当于千仞高度，横着画数尺则容纳百里空间。还有唐朝王维所写《山水论》中所谓："丈山尺树，寸马分人。远人无目，远树无枝。远山无石，隐隐如眉。远水无波，高与云齐。"都无非是这种感官知识的总结，不能说他们已经有了焦点透视法的主张。此外，《宣和画谱》卷八《宫室》部分提及尹继昭作画："而千栋万柱，曲折广狭之制，皆有次第。又隐算学家乘除法于其间，亦可谓之能事矣。"居然隐含了数学方法，可惜没有技术详情，很难依此推论当时数学对于绘画产生的作用。

2008年8月，我有机会去参观敦煌的莫高窟，结果很令我感觉意外的是，在一些佛陀讲经的大型壁画里，亭台、楼阁与画栏的描绘上，明显看出焦点透视技法的踪迹。消失点如果不落在佛陀身上，也会在佛陀身后距离较近的地方。如此利用一些线条往佛陀趺坐处汇集，也就形成观赏者注意力的焦点。可惜现场不准摄影，但是后来翻阅文献知道这类壁画在敦煌并非罕见，例如莫高窟第45窟、第148窟、第172窟、第217窟、第320窟，还有榆林窟的第25窟。

莫高窟第172窟北壁壁画

　　莫高窟第172窟北壁《观无量寿经变》可说是盛唐时期近乎透视的"短缩法"的代表作，也是从北凉到宋元期间所有敦煌壁画中使用"短缩法"最为成熟的绘画作品。李雪儿在其硕士论文中，[1]把此幅《观无量寿经变》与达·芬奇的《最后的晚餐》作了一番比较，得到结论如下：

> "对比两图可以发现，《观无量寿经变》中虽然表现出了较强的透视理念，将敦煌壁画里的"短缩法"发展到了几乎最为成熟的状态，但较之《最后的晚餐》，它还没有形成系统的数理关系的绘画理念，只是根据以往的绘画经验进行构图。两者都为了强调佛或耶稣而将人物放到画面中心，不同的是《观无量寿经变》绘制者更倾向于用空间占比来体现，而达·芬奇则通过透视视线的集中和光线的衬托来达到凝聚效果。……总而言之，《观无量寿经变》绘制者还未能将绘画当成可以计算的艺术，更重要的是他虽然意识到了焦点的存在，却没有更进一步去表现，也没有形成将人物和背景融为一体的绘画技法。"

李雪儿认为虽然"短缩法"前后存在了400余年，但在敦煌壁画中并不是主流的绘画技法，甚至在盛唐之后便急速衰落，只能算是中国古代一种边缘化的绘画技法。以至于长期以来，国内外学术界并未赋予足够的重视而详加研究。无论如何，这一类敦煌壁画虽然没有迹象显示画家知道"物

1　李雪儿.敦煌壁画"短缩法"考略.硕士学位论文,杭州师范大学,2020:32.

体尺寸会因向后退缩而变小的数学法则",但此法则仍然是一种相对先进的表达深度的画法,而且超前文艺复兴时代约600年。敦煌的壁画、雕塑、文献蕴藏了丰富的文化遗产,也见证了文明交流的繁荣。

图书在版编目(CIP)数据

数学文化览胜集.艺数篇 / 李国伟著. -- 北京：
高等教育出版社，2024.3
ISBN 978-7-04-061784-9

Ⅰ.①数… Ⅱ.①李… Ⅲ.①数学-文化②艺术-关系-数学 Ⅳ.①O1-05②J0-05

中国国家版本馆CIP数据核字(2024)第020326号

数学文化览胜集

——艺数篇

SHUXUE WENHUA LAN
SHENG JI: YISHU PIAN

出版发行	高等教育出版社
社　　址	北京市西城区德外大街4号
邮政编码	100120
印　　刷	鸿博昊天科技有限公司
开　　本	850 mm×1168 mm　1/32
印　　张	4.25
字　　数	69 千字
购书热线	010-58581118
咨询电话	400-810-0598
网　　址	http://www.hep.edu.cn
	http://www.hep.com.cn
网上订购	http://www.hepmall.com.cn
	http://www.hepmall.com
	http://www.hepmall.cn
版　　次	2024 年 3 月第 1 版
印　　次	2024 年 3 月第 1 次印刷
定　　价	29.00 元

策划编辑	吴晓丽
责任编辑	吴晓丽
封面设计	王　洋
版式设计	王艳红
责任校对	刘丽娴
责任印制	耿　轩